Stehend: Thierfelder, Mieses, Weller, Röder, Funk, Schorr, Riemann, Woog, Emmrich, Raginsky, Blümich, Gilg, Broschwitz, Hasse, Trinks, Zimmer, Lamprecht, Palitzsch, Fässer, Bamme.

Sitzend: Frl. X.. Scholze, Müller, Blechschmidt, Vetter, Hartewig, Michalitschke, Frl. Melzer.

Mitteldeutsche Schachturniere
1 9 2 3

Herausgegeben von

Dr. F. Palitzsch

Mit einem Gruppenbild
und vielen Diagrammen

Berlin und Leipzig 1924
Walter de Gruyter & Co.
vormals G. J Göschen'sche Verlagshandlung ·· J. Guttentag, Verlagsbuchhandlung
Georg Reimer ·· Karl J. Trübner ·· Veit & Comp.

Druck von Metzger & Wittig in Leipzig.

Vorwort.

Mitteldeutschland ist schon in früheren Zeiten ein Mittelpunkt des deutschen Schachlebens gewesen. Besonders in Leipzig war es die Schachgesellschaft „Augustea“, einer der ältesten deutschen Schachvereine, die eine große Anzahl bekannter Schachpersönlichkeiten in ihren Reihen zählte und dadurch tonangebend in schachlichen Dingen wurde. Von hier aus ging die Gründung der ersten deutschen Schachzeitung und die Leitung der berühmten Schachspalte in der Leipziger Illustrierten Zeitung, hier wurden seit den 70 er Jahren wiederholt größere Schachturniere abgehalten, an denen neben den Leipziger Meistern auch Anderssen mehrfach teilnahm, von hier aus erfolgte endlich über die Vorstufe des Mitteldeutschen Schachbundes hinweg im Jahre 1879 die Gründung des großen Deutschen Schachbundes.

Wenn in unseren Tagen, nachdem der Deutsche Schachbund eine glänzende Vergangenheit hinter sich hat und aus dem deutschen Schachleben nicht mehr fortgedacht werden kann, der Begriff Mitteldeutschland in schachorganisatorischer Hinsicht wieder neu aufgetaucht ist, so geschah es in ganz anderem Sinne als früher. Heutzutage, wo der Deutsche Schachbund mit seinen Landes-Unterverbänden eine festgefügte Organisation ist, brauchen keine neuen Organisationen mehr geschaffen zu werden. Dagegen läßt sich eine gruppenweise, ganz lose Zusammenfassung mehrerer benachbarter Landesverbände zu bestimmten Zwecken recht wohl aus verschiedenen Gründen rechtfertigen. Die Landesverbände sind oft zu begrenzt und einseitig, um ihren besten Spielern eine genügende Auswirkung und Vorwärtsentwicklung zu ermöglichen, während andererseits der Deutsche Schachbund mit seinen nur aller zwei Jahre stattfindenden Kongressen ein zu schwerfälliges und in unseren schlechten Zeiten häufig auch zu kostspieliges Instrument ist, um hier genügende Möglichkeiten zu schaffen. Hier bietet das Zusammenwirken einer Gruppe gleichstrebender, benachbarter Landesverbände den natürlichen Mittelweg und Ersatz. Aus diesen Gedanken heraus ist die lose Zusammenfassung der mitteldeutschen Schachverbände zu verstehen — ein Vorgang, der übrigens auch in anderen Gegenden erfolgt ist, z. B. in Süddeutschland — zum Zwecke, ihre besten Spieler einander jährlich in einem mitteldeutschen Turnier messen zu lassen und auch sonst freundschaftliche Beziehungen untereinander zu pflegen. Es wurde schon mehrfach betont, daß es sich hierbei keineswegs um irgendeine feste Organisation handelt, denn eine solche ist der ganzen Sachlage nach überflüssig oder sogar unmöglich: überflüssig ist sie für die drei reichsdeutschen Landesverbände in Mitteldeutschland, den Saale-Schachbund, Sächsischen Schachbund und Thüringer Schachbund, die außer ihrer eigenen Organisation bereits eine gemeinsame übergeordnete Zusammenfassung im Deutschen Schachbund besitzen, unmöglich für den Deutschen Schachverband in der Tschechoslowakei, der aus politischen Gründen natürlich keine feste Bindung mit ausländischen Verbänden eingehen kann. So gibt es also heutzutage keineswegs einen mitteldeutschen Schachbund, sondern nur die erwähnte lose Fühlung der genannten vier Verbände im mitteldeutschen Siedlungsgebiete.

In diesem mitteldeutschen Gebiete herrscht zweifellos ein reges schachliches Leben, das den Vergleich mit keiner anderen Gegend zu scheuen braucht. Das Zentrum bildet der Sächsische Schachbund, der außer dem internationalen Großmeister Mieses zum

Zeichen seiner wachsenden Bedeutung die neuen deutschen Meister Blümich und Emmrich aus seinen Reihen gestellt hat. Eine Reihe weiterer starker Spieler sind in den verschiedensten Landesteilen vorhanden. Auch die Problemkomposition erfreut sich großer Blüte und einige international anerkannte Problemmeister gehören dem Bunde an. Im Westen schließen sich der Saale-Schachbund an, der besonders durch die große Schachausstellung in Weißenfels und durch die Weißenfelser Schachschule Außergewöhnliches geleistet hat, sowie der Thüringer Schachbund, der durch seine romantischen Schachveranstaltungen auf der Leuchtenburg von sich reden machte. Im Süden ist der junge Deutsche Schachverband in der Tschechoslowakei benachbart, der in den wenigen Jahren seines Bestehens einen geradezu fabelhaften Aufschwung zu verzeichnen hat. In aller Erinnerung sind noch die großen internationalen Turniere zu Teplitz-Schönau, Karlsbad und Mährisch-Ostrau, die in seinem Gebiete zustande kamen. Etwas besonders Wertvolles hat der Verband in seiner großen Bücherei von etwa 800 Bänden aufzuweisen, die in Aussig aufgestellt ist.

Als ein äußeres Zeichen für die bedeutenden Leistungen im mitteldeutschen Schachgebiet ist das vorliegende Buch gedacht. Es umfaßt die sämtlichen großen Verbandsturniere, die im mitteldeutschen Bezirk im Jahre 1923 abgehalten worden sind, dem Jahre, in dem der Gedanke der mitteldeutschen Zusammenfassung in der vorhin erwähnten neuen Form zuerst verwirklicht wurde. Dementsprechend lautet der Titel des Buches: Mitteldeutsche Schachturniere 1923.

Die Herausgabe des Buches hat eine nicht zu unterschätzende Arbeit gemacht, denn der Herausgeber hat nicht nur den größten Teil des Manuskriptes geliefert, sondern auch die Beiträge seiner Mitarbeiter, die keineswegs immer druckfertig waren, für den Druck zurechtmachen und dem allgemeinen Rahmen des Buches anpassen müssen. Trotzdem ist ihm die Herausgabe nicht nur eine Arbeit, sondern auch eine Freude gewesen, denn das zum Abdruck gekommene Material ist größtenteils recht wertvoll und bewegt sich auf einem hohen Niveau. Somit steht zu hoffen, daß das Buch nicht nur lokales Interesse erregen, sondern sein Verbreitungsgebiet auch weit über Mitteldeutschland hinaus haben wird. Allen Mitarbeitern, die zum guten Gelingen des Werkes beigetragen haben, sei an dieser Stelle der herzlichste Dank ausgesprochen, besonders aber Herrn Blümich, der nicht nur den größten Beitrag geliefert, sondern auch das Entstehen des Buches sonst in jeder Weise begünstigt hat.

Dresden, im April 1924.

Dr. Friedrich Palitzsch.

Inhalt.

1.

Der Kongreß des Sächsischen Schachbundes nebst Turnier um die Meisterschaft von Mitteldeutschland in Leipzig 1923

A. Kongreßbericht.

Von M. Blümich.

Zum mitteldeutschen Turnier wurden gemeldet:

Vom Sächsischen Schachbund: P. Blechschmidt-Plauen, M. Blümich-Leipzig, R. Kühn-Chemnitz;

vom Saaleschachbund: E. Becker-Magdeburg;

vom Deutschen Schachverband in der Tschechoslowakei: R. Bauer-Troppau, Dr. W. Michalitschke-Prag;

aus Thüringen: K. Vordank und E. Schaffartzik-Jena.

Die Meister Emmrich, John, Mieses und Teichmann waren teils im Auslande, teils beruflich und durch Krankheit verhindert. Dafür traten bei der Auslosung noch die beiden Leipziger Dr. W. Müller und F. Woog, die sich zum Meisterschaftsturnier gemeldet hatten, ein. Dem

Tabelle 1.

Mitteldeutsches Turnier.

	1	2	3	4	5	6	7	8	9	10	+	−	=	
1. Blümich	—	$\frac{1}{2}$	1	1	1	$\frac{1}{2}$	0	1	1	1	6	1	2	7
2. Dr. W. Müller	$\frac{1}{2}$	—	1	1	$\frac{1}{2}$	$\frac{1}{2}$	1	0	1	1	5	1	3	$6\frac{1}{2}$
3. Blechschmidt	0	0	—	$\frac{1}{2}$	0	1	1	1	1	1	5	3	1	$5\frac{1}{2}$
4. Vordank	0	0	$\frac{1}{2}$	—	$\frac{1}{2}$	$\frac{1}{2}$	1	1	1	1[1]	4	2	3	$5\frac{1}{2}$
5. Schaffartzik	0	$\frac{1}{2}$	1	$\frac{1}{2}$	—	$\frac{1}{2}$	0	1	$\frac{1}{2}$	1[1]	3	2	4	5
6. Woog	$\frac{1}{2}$	$\frac{1}{2}$	0	$\frac{1}{2}$	$\frac{1}{2}$	—	$\frac{1}{2}$	1	$\frac{1}{2}$	$\frac{1}{2}$	1	1	7	$4\frac{1}{2}$
7. Becker	1	0	0	0	1	$\frac{1}{2}$	—	0	$\frac{1}{2}$	1	3	4	2	4
8. Bauer	0	1	0	0	0	0	1	—	1	1	4	5	0	4
9. Michalitschke	0	0	0	0	$\frac{1}{2}$	$\frac{1}{2}$	$\frac{1}{2}$	0	—	1[1]	1	5	3	$2\frac{1}{2}$
10. Kühn	0	0	0	0[1]	0[1]	$\frac{1}{2}$	0	0	0[1]	—	0	8	1	$\frac{1}{2}$

[1] Nicht gespielt.

erfolgreichsten von beiden sollte, wenn er mindestens 50% der möglichen Punkte erzielte, der Titel „Meister des Sächsischen Schachbundes" verliehen werden.

Im Mitteldeutschen Turnier errang Blümich-Leipzig den ersten Preis und damit den Titel „Meister von Mitteldeutschland für 1923". Dr. W. Müller folgte dichtauf als Zweiter; er erhielt den Titel eines Sächsischen Meisters. Einzelheiten zeigen die Tabellen 1 und 2.

Tabelle 2.

Fortschrittstabelle.

	Stand nach Runde								
	1	2	3	4	5	6	7	8	9
1. Blümich	1/2	1 1/2	1 1/2	2 1/2	3 1/2	4 1/2	5	6	7
2. Dr. W. Müller . .	1	2	2 1/2	2 1/2	3 1/2	4	4 1/2	5 1/2	6 1/2
3. Blechschmidt . .	1	1 1/2	2 1/2	3 1/2	3 1/2	4 1/2	4 1/2	5 1/2	5 1/2
4. Vordank	1	1 1/2	2	2	3	3 1/2	4 1/2	5 1/2	5 1/2
5. Schaffartzik . . .	1/2	1/2	1	1	2	2 1/2	3 1/2	4 1/2	5
6. Woog	1/2	1	1 1/2	2	2 1/2	3	4	4	4 1/2
7. Becker	0	1/2	1 1/2	2 1/2	2 1/2	3 1/2	4	4	4
8. Bauer	0	1	2	3	3	3	3	3	4
9. Michalitschke . .	1/2	1/2	1/2	1/2	1	1	1 1/2	1 1/2	2 1/2
10. Kühn	0	0	0	1/2	1/2	1/2	—	—	—

Zum Sächsischen Meisterschaftsturnier hatten sich 22 Herren gemeldet, von denen 18 in die Schranken traten. Um nicht in Gruppen spielen zu müssen, wurde das Turnier nach einem in der Schweiz erprobten System gespielt, bei dem eine bestimmte Anzahl (hier 7) Runden gespielt und dazu jedesmal die miteinander gepaart werden, die bisher die gleichen Erfolge erzielt haben. Die Teilnehmer waren: Aus Leipzig (Augustea): K. Burghold, A. Fässer, Dr. O. Goertz, Dr. S. Kaiser, O. Meyn, Nestmann, C. Reich, H. Riemann; (Schachgesellschaft Nord): W. Weigel; aus Dresden (Schachverein): Dürichen, H. Vetter; aus Chemnitz: Helling, Hoffmann, Weißenstein; aus Meißen: Dr. H. Goering; aus Zwickau: W. Großer; aus Kirchberg: Dölz; aus Pirna: Scheller.

Den ersten Preis und damit die sächsische Meisterwürde gewann H. Riemann, der erste Vorsitzende der Augustea, mit 5 1/2 Punkten aus 7 Partien. Die Einzelheiten zeigen die Tabellen 3 und 4.

Tabelle 3.

	1	2	3	4	5	6	7	8	9	10	11	12	13	14	15	16	17	18	+	−	=	
1. Riemann . .	—	1	1	—	$^1/_2$	—	—	1	$^1/_2$	—	—	$^1/_2$	—	—	—	1	—	—	4	0	3	$5^1/$
2. Vetter . . .	0	—	—	1	—	—	1	$^1/_2$	1	1	$^1/_2$	—	—	—	—	—	—	—	4	1	2	5
3. Helling . .	0	—	—	—	—	—	$^1/_2$	—	—	1	1	$^1/_2$	1	—	—	—	$^1/_2$	—	3	1	3	$4^1/$
4. Weißenstein	—	0	—	—	—	—	—	1	—	—	—	$^1/_2$	1	1	1	0	—	—	4	2	1	$4^1/$
5. Fässer . . .	$^1/_2$	—	—	—	—	—	—	0	—	1	$^1/_2$	$^1/_2$	—	—	1	—	—	1	3	1	3	$4^1/$
6. Dr. Göring .	—	—	—	—	—	—	$^1/_2$	0	1	0	—	1	1	—	—	—	1	—	4	2	1	$4^1/$
7. Dr. Goertz .	—	0	$^1/_2$	—	—	$^1/_2$	—	1	—	—	—	—	0	—	1	—	1	—	3	2	2	4
8. Burghold .	0	$^1/_2$	—	0	1	1	0	—	1	—	—	—	—	—	—	—	—	—	3	3	1	$3^1/$
9. Nestmann .	$^1/_2$	0	—	—	—	0	—	0	—	—	1	—	1	—	1	—	—	—	3	3	1	$3^1/$
10. Großer . .	—	0	0	—	0	1	—	—	—	—	$^1/_2$	1	—	—	—	—	—	1	3	3	1	$3^1/$
11. Reich . . .	—	$^1/_2$	0	—	$^1/_2$	—	—	—	0	$^1/_2$	—	—	—	1	—	1	—	—	2	2	3	$3^1/$
12. Hoffmann .	$^1/_2$	—	$^1/_2$	$^1/_2$	$^1/_2$	0	—	—	—	0	—	—	—	—	1	—	—	—	1	2	4	3
13. Weigel . . .	—	—	0	0	—	0	1	—	0	—	—	—	—	—	$^1/_2$	1	—	—	2	4	1	$2^1/$
14. Meyn . . .	—	—	—	0	—	—	—	—	—	—	0	—	—	—	0	1	—	1	2	3	0	2
15. Scheller . .	—	—	—	0	0	—	0	—	0	—	—	0	$^1/_2$	1	—	—	—	—	1	1	5	$1^1/$
16. Dölz	0	—	—	1	—	—	—	—	—	—	0	—	0	0	—	—	—	—	1	4	0	1
17. Dr. Kaiser .	—	—	$^1/_2$	—	—	0	0	—	—	—	—	—	—	—	—	—	—	—	0	2	1	$^1/$
18. Dürichen . .	—	—	—	—	0	—	—	—	—	0	—	—	—	0	—	—	—	—	0	3	0	0

Die übrigen Turniere hatten folgende Ergebnisse:

1. Fünftägiges Hauptturnier I.

1. und 2. Großner und C. Normann, 3. und 4. P. und R. Gast, 5. Engert, 6. Fikentscher.

2. Zweitägige Hauptturniere II.

Gruppe A: 1. Ficker 4, 2.—3. Gabler, Künne je $3^1/_2$, 4. Zenner $2^1/_2$, 5. Melle $1^1/_2$, 6. Becker 0.

Gruppe B: 1.—2. Haentzsch, Zahn $3^1/_2$, 3.—4. Fichtner, Dr. Morris 3, 5. Agricola 2, 6. Schächer 0.

Gruppe C: 1.—2. Eisenkolb, Parthy je 4, 3.—4. Soremba, Steinert je 3, 5. Heinze 1, Rieprich 0.

Zweitägige Hauptturniere II.

Gruppe A: 1. Porges $4^1/_2$, 2. Tuma $3^1/_2$, 3. A. Becher 3, 4.—5. Buchmann, Schneider 2, 6. Glöckner 0.

Tabelle 4.

Fortschrittstabelle.

	Stand nach Runde						
	1	2	3	4	5	6	7
1. Riemann	1	$1^1/_2$	2	3	4	5	$5^1/_2$
2. Vetter	1	2	$2^1/_2$	$3^1/_2$	$3^1/_2$	4	5
3. Helling	$^1/_2$	1	$1^1/_2$	$2^1/_2$	$3^1/_2$	$3^1/_2$	$4^1/_2$
4. Weißenstein . . .	0	0	1	2	3	$3^1/_2$	$4^1/_2$
5. Fässer	0	1	2	$2^1/_2$	3	4	$4^1/_2$
6. Dr. Göring . . .	1	1	$1^1/_2$	$1^1/_2$	$2^1/_2$	$3^1/_2$	$4^1/_2$
7. Dr. Goertz	$^1/_2$	$^1/_2$	1	2	3	4	4
8. Burghold	1	2	$2^1/_2$	$2^1/_2$	$3^1/_2$	$3^1/_2$	$3^1/_2$
9. Nestmann	1	2	$2^1/_2$	$2^1/_2$	$2^1/_2$	$3^1/_2$	$3^1/_2$
10. Großer	1	1	$1^1/_2$	$2^1/_2$	$2^1/_2$	$2^1/_2$	$3^1/_2$
11. Reich	1	1	$1^1/_2$	$2^1/_2$	3	$3^1/_2$	$3^1/_2$
12. Hoffmann	1	$1^1/_2$	2	$2^1/_2$	$2^1/_2$	3	3
13. Weigel	0	1	2	2	2	2	$2^1/_2$
14. Meyn	0	0	0	1	2	—	—
15. Scheller	0	1	1	1	1	1	$1^1/_2$
16. Dölz	0	1	1	1	1	—	—
17. Dr. Kaiser	0	$^1/_2$	—	$^1/_2$	—	—	—
18. Dürichen	0	0	—	0	—	—	—

Gruppe B: 1. Wiener 5, 2. Winkler 3, 3.—5. Bierbaum, Rucker, Wolf je 2, 6. H. Richter 1.

Gastturniere.

Gruppe A: 1. v. Waldow-Jena 4, 2.—3. A. Leiboschütz-Köthen, Krasselt je $3^1/_2$, 4. Joerk-Gera 3, 5. W. Grünzig-Leipzig 1, 6. Koch 0.

Gruppe B: 1. Scheibe-Köthen 5, 2.—3. J. Leiboschütz-Köthen, Päßler-Sangerhausen 3, 4.—5. Bauer-Eisenach, Heyne 2, 6. Winkler 0.

Die Preise für alle Turniere (120000 + Einsätze) waren vom Leipziger Tageblatt und der Neuen Leipziger Zeitung, deren reichhaltige Schachspalten bekannt sind, gestiftet worden. Die ersten Sieger in den Turnieren bis zum Hauptturnier I abwärts erhielten außerdem eine von einem Dresdner Schachfreund gestiftete wertvolle Medaille aus Meißner Porzellan, von der nur 10 Stück für den Sächsischen Schachbund hergestellt worden sind. Inspektor Schorr in Teplitz-Schönau hatte außer einer reichen Spende für den Kongreß noch 10000 Mark an Schönheitspreisen und ein Teplitzer-Schönauer Kongreßbuch für ein Blitzturnier gestiftet.

Die Schönheitspreise wurden vom Preisrichter, Meister O. Zander-Berlin, wie folgt verteilt:

Mitteldeutsches Turnier: Blümich für seine Partie gegen Kühn;

Meisterschaftsturnier: Dr. Goering für seine Partie gegen Dr. Kaiser;

Hauptturniere: Normann für seine Partie gegen Hermann;

Preis für die beste Endspielführung: Blümich für seine Partie gegen Blechschmidt.

Während des Kongresses wurden auch 4 Blitzturniere veranstaltet: I. 1. Blümich 8, 2. E. Becker 7½, 3. R. Anton 7, 4. Teichmann 6, 5. Burghold 5½, 6. Dr. Michalitschke 5; II. 1. Kühn 5½, 2. Vordank 3½, 3.—4. Woog, Teichmann je 3; III. (28 Teilnehmer!) 1. Delmar, 2. Woog, 3.—4. Blümich, Dr. Michalitschke; IV. 1. Blümich 10½, 2. Dr. W. Müller 9, 3. Delmar 8½, 4.—5. Enderlein, Fässer je 7, 6. Anton 6½, 7. R. Bauer 6.

Am Ostersonntag fand die Hauptversammlung des Sächsischen Schachbundes statt. O. Krüger-Dresden begrüßte im Namen des Deutschen Schachbundes die Versammlung und beglückwünschte die Augustea zu ihrem Jubiläum. Dr. Michalitschke-Prag überbrachte die Grüße des Deutschen Schachverbandes in der Tschechoslowakei. Bei der Neuwahl des Vorstandes lehnte R. Mertig-Chemnitz die Wiederwahl zum 1. Vorsitzenden wegen Zeitmangels ab. Die Wahlen ergaben: 1. Vorsitzender: M. Blümich, Leipzig-St., Marienhöhe, 2. Vorsitzender: R. Mertig, Chemnitz, Schriftführer: R. Kühn, Chemnitz, Theaterstr. 22, Kassenwart: O. Krüger, Dresden-A. 24 (Postscheckkonto 15868 Dresden). Der Beitrag umfaßt, da die Richtlinien des Deutschen Schachbundes angenommen und der Bund demnach Landesverband des Deutschen Schachbundes geworden ist, zugleich den Beitrag des Deutschen Schachbundes.

Dem Gedanken eines regelmäßig wiederkehrenden mitteldeutschen Turniers stand die Versammlung sehr freundlich gegenüber; sie beauftragte den Vorstand, ihn weiter zu pflegen.

Der Kongreß war sehr gut besucht — an den Osterfeiertagen waren gleichzeitig 40 Turnierpartien im Gange — und ist reibungslos verlaufen. Auch außersächsische Gäste, z. B. A. Hild, der Schriftführer des Deutschen Schachbundes und Ehrenmitglied des Thüringer Schachbundes, waren zahlreich anwesend.

B. Ausgewählte Turnierpartien.

Bearbeitet von M. Blümich.

I. Mitteldeutsches Meisterturnier.

Erste Runde, gespielt am 30. März.

Als erste Partie des Kongresses ging die Partie Dr. Müller — Kühn zu Ende. Der Nachziehende übersah, daß sein Gegner durch ein schönes Damenopfer zwei Bauern gewinnen konnte und mußte bereits im 16. Zuge aufgeben. Ferner gewannen Vordank gegen Bauer und Blechschmidt gegen Becker, während die Partien Woog — Blümich, in der Weiß mit großer Konsequenz alles Erreichbare abtauschte und Schaffartzik — Dr. Michalitschke unentschieden endeten.

Partie Nr. 1.
Läuferspiel.

	Weiß:	Schwarz:
	Dr. W. Müller	R. Kühn
1.	e2—e4	e7—e5
2.	Lf1—c4	Sg8—f6
3.	d2—d3	d7—d5

Energisch, aber von fraglicher Güte. Der Bauer e5 bleibt etwas schwach.

4.	e4—d5:	Sf6—d5:
5.	Sg1—f3	Sb8—c6
6.	0—0	Lc8—g4

Schwarz ist bereits wegen der Deckung des Bauern e5 in Verlegenheit. Vielleicht war Le6 7. Lb5 Ld6 noch am besten.

7. Tf1—e1 Sd5—b6

Eine ganz genügende Fortsetzung gibt es wohl nicht mehr. Auf Le7 folgt 8. h3, Lh5 9. g4, Lg6 10. Se5.

8. Sf3—e5:!! ....

Dieses schöne Damenopfer, das übrigens auch auf f7—f6 gefolgt wäre, hat Schwarz wohl übersehen.

8. .... Lg4—d1:

Schwarz muß nehmen. Auf Le6 folgt 9. Sf7:.

9. Lc4—f7‡ ....

9. Se5—c6‡ ist nicht stärker, denn nach Le7 10. Sd8:, Td8: müßte Weiß den Läufer auf f7 opfern, weil er nach Td1: auf c4 verloren ginge.

9. .... Ke8—e7

10. Se5—c6‡ ....

Schwächer, aber auch genügend wäre Lg5†, Kd6 11. Ld8:, Se5: 12. Lc7†, Kc7: nebst Lc2.

10. .... Ke7—f7:
11. Sc6—d8‡ Ta8—d8‡
12. Te1—d1: Td8—e8
13. Sb1—c3 Lf8—b4
14. Sc3—e4 Sb6—d5
15. a2—a3 Lb4—a5?

Noch ein Fehler; aber die Partie war sowieso verloren.

16. c2—c4 Aufgegeben.

Der La5 ist nicht zu retten.

Partie Nr. 2.
Damengambit.

Weiß:	Schwarz:
R. Bauer	K. Vordank

1. d2—d4 d7—d5
2. c2—c4 c7—c6
3. Sb1—c3 Sg8—f6
4. Lc1—g5 d5—c4:
5. e2—e3 b7—b5
6. a2—a4 b5—b4!
7. Sc3—b1 Sf6—e4
8. Lg5—f4 ....

Weiß übersieht die drohende Gefahr, sonst hätte er Lh4 gespielt.

8. .... Dd8—a5
9. Lf1—c4: b4—b3†
10. Sb1—d2 ....

Ke1—f1 war nötig. Jetzt verliert Weiß eine Figur.

10. .... e7—e5!

11. Sg1—f3 ....

Er kann den Läufer nicht retten, da Sd2: 12. Dd2:, Lb4 droht.

11. .... e5—f4:

Damit ist die Partie entschieden. Der Rest ist Sache der Technik.

12. 0—0 Se4—d2:
13. Sf3—d2: Lf8—d6
14. Sd2—e4 Ld6—e7
15. Dd1—b3: 0—0
16. d4—d5 Da5—b4
17. Tf1—d1 Lc8—f5
18. d5—d6 Db4—b3:
19. Lc4—b3: Le7—d8
20. Se4—c3 Sb8—d7
21. e3—e4 Ta8—b8
22. Lb3—c4 Lf5—e6

23.	Lc4—e6:	f7—e6:	33.	Kg1—f2	c4—c3
24.	Ta1—b1	Ld8—f6	34.	Kf2—e3	Kg8—f7
25.	Td1—c1	Lf6—e5	35.	Se2—d4	Lb2—c1†
26.	Sc3—e2	c6—c5	36.	Ke3—d3	Lc1—f4:
27.	Tc1—c2	Tb8—b4	37.	Sd4—b5	a7—a6
28.	f2—f3	Tf8—b8	38.	Sb5—c3:	Lf4—h2:
29.	g2—g3	Tb4—b2:	39.	Kd3—e3	Lh2—d6:
30.	Tb1—b2:	Tb8—b2:	40.	f3—f4	Ld6—b4
31.	Tc2—b2:	Le5—b2:	41.	Sc3—e2	a6—a5
32.	g3—f4:	c5—c4		Aufgegeben.	

Zweite Runde, gespielt am 30. März.

In der zweiten Runde konnte Dr. Müller gegen Dr. Michalitschke in einem angenommenen Damengambit den gewonnenen Bauern behaupten und zum Siege auswerten. Schaffartzik verlor durch einen Eröffnungsfehler ebenfalls einen Bauern gegen Blümich und damit die Partie. Bauer siegte nach interessantem Kampfe über Kühn, während die Partien Becker—Woog und Vordank—Blechschmidt unentschieden wurden. Stand: Dr. Müller 2, Blechschmidt, Blümich, Vordank $1^1/_2$, Bauer, Woog 1, Becker, Michalitschke, Schaffartzik $^1/_2$, Kühn 0.

Partie Nr. 3.
Damengambit.

	Weiß:	Schwarz:
	K. Vordank	P. Blechschmidt
1.	d2—d4	d7—d5
2.	Sg1—f3	Sg8—f6
3.	c2—c4	e7—e6
4.	Sb1—c3	Sb8—d7
5.	Lc1—g5	Lf8—e7
6.	e2—e3	0—0
7.	Ta1—c1	Tf8—e8
8.	Lf1—d3	....

In den letzten Jahren hat man oft versucht, die Entwicklung dieses Läufers hinauszuschieben, bis d5—c4: geschehen ist, um so einen Zug zu gewinnen. Weiß hat aber doch nicht Zeit genug, um das zu erzwingen, z. B. 8. Dc2, a6 9. a3 (um nach dc 10. Lc4, b5 11. La2 nebst Lb1 zu spielen), Te8 10. Lh4, h6 (dieser Bauer steht auf h7 gefährdet) und nun hat Weiß doch nichts Besseres als Ld3. Es ist deshalb besser, Ld3 sogleich oder nach 8. Dc2, c6 zu ziehen.

8.	....	c7—c6
9.	Dd1—c2	h7—h6
10.	Lg5—h4	c6—c5

Nachdem Weiß durch Dc2 den Druck auf d5 vermindert, ist dies wohl angängig; sonst kam auch dc nebst Sd5 oder vorher a6 in Frage.

11.	c4—d5:	e6—d5:

12. 0—0 a7—a6

Besser war b6 nebst Lb7. Jetzt eröffnet Weiß einen Angriff auf d5.

13. Tf1—d1 c5—d4:

b5 scheitert an 14. dc, Sc5: 15. Lf6:, Lf6: 16. Sd5:.

14. Sf3—d4: Sd7—e5
15. Sd4—f5 Lc8—e6
16. Sf5—e7╪ Dd8—e7:
17. f2—f4 Se5—d3:
18. Dc2—d3: Ta8—d8
19. f4—f5 Le6—c8
20. Dd3—d4 ....

20. Sd5: führt nur zum Ausgleich: Td5: 21. Lf6:, Td3 22. Le7:, Td1† 23. Td1: usw. Besser als der Textzug war aber wohl Te1 nebst g4 und dann erst Dd4, denn (20. Te1) De5 scheitert an 21. Lf6:, Df6: 22. Sd5:, Df5: 23. Df5:, Lf5: 24. Se7†.

20. .... Lc8—f5:

De3† scheitert an 21. De3:, Te3: 22. Lf6:, gf 23. Sd5: nebst Sf6†.

21. Td1—f1 De7—e6
22. Lh4—f6: g7—f6:

Erzwungen.

23. Tc1—d1 Lf5—e4
24. Tf1—f6: De6—g4
25. Td1—d2 Dg4—g5
26. Dd4—b6 ....

Weiß hat sich sehr geschickt eine weitaus überlegene Stellung errungen und droht jetzt durch Sc3—e4: sofort zu gewinnen. Dabei übersieht er aber die hübsche Antwort und gibt dem aalglatten Gegner Gelegenheit zum Entschlüpfen. 26. Tdf2 hätte den Angriff wohl entscheidend verstärkt.

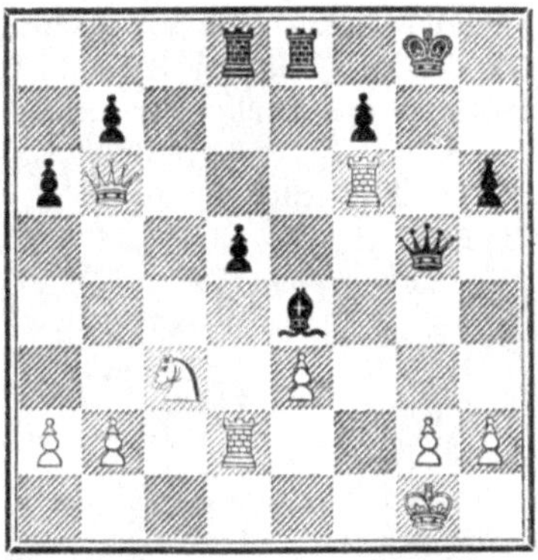

26. .... d5—d4!!
27. Sc3—e4: Dg5—e3╪
28. Td2—f2 De3—e4:
29. Tf6—f7: De4—c6
30. Db6—b4 ....

Db3 wird mit Dc1† 31. Tf1, De3† beantwortet.

30. .... b7—b5

Da beide Gegner in Zeitnot waren und der starke Freibauer die Schwäche der schwarzen Königsstellung ausgleicht, wurde die Partie hier unentschieden gegeben.

Partie Nr. 4.
Spanische Partie.

	Weiß:	Schwarz:
	R. Kühn	R. Bauer
1.	e2—e4	e7—e5
2.	Sg1—f3	Sb8—c6
3.	Lf1—b5	a7—a6
4.	Lb5—a4	Sg8—f6
5.	d2—d3	d7—d6
6.	h2—h3	Lf8—e7
7.	Lc1—e3	Lc8—d7
8.	c2—c4	....

Um d5 für immer zu verhindern. Schwarz hat bei der gewählten Spielweise ohne Mühe Ausgleich.

8. .... 0—0

9. Sb1—c3 Sf6—e8

10. g2—g4 ....

Um f5 zu verhindern.

10. .... g7—g6

11. Dd1—d2 Se8—g7

12. Sc3—d5 Ta8—b8

13. Ta1—c1 ....

Um nach b5 cb ab auf c6 und c7 zu drücken.

13. .... Sg7—e6

14. Le3—h6 Se6—d4!?

Damit beginnen sehr interessante und schöne Verwicklungen. Nach Tc8 könnte Weiß mit Lc6: einen der gefährlichen Springer beseitigen.

15. Sf3—d4: Se6—d4

16. Lh6—f8:! ....

Weiß ist der Lage gewachsen. Nach Sf3† 17. Ke2, Sd2: 18. Le7:, Dc8 oder De8 19. Ld7: gewänne er die Dame mit entscheidendem Vorteil zurück. Und auf Df8: oder Lf8: könnte er 17. Ld1 spielen, mit Sd5—e3—c2 den Sd4 aus seiner beherrschenden Stellung vertreiben und würde leicht gewinnen.

16. .... Le7—g5!

Um 17. Dd1 mit La4: nebst Lc1 zu beantworten.

17. Lf8—e7! Lg5—e7:

Wieder wäre Sf3† falsch: 18. Ke2, Sd2: 19. Ld8, Td8 20. Ld7: nebst Tc2 usw. Auch Ld2† 18. Kd2:, De8 19. Ld7: läßt Weiß in Vorteil.

18. Sd5—e7‡ Dd8—e7:

19. La4—d1 b7—b5

Die Lage hat sich geklärt; Weiß hat die Qualität gewonnen, Schwarz hat dafür den Sd4 in beherrschender Stellung. Alle seine Figuren stehen besser als die feindlichen; er geht sogleich zum Angriff über.

20. h3—h4 ....

Mit der Absicht, dem Turm durch h5 nebst hg Angriffslinien zu öffnen.

20. .... b5—c4:

21. d3—c4: c7—c5

22. Tc1—c3 Ld7—c6

23. Tc3—e3 ....

f3 war nötig.

23. .... De7—b7

24. b2—b3 ....

Danach ist die sowieso schon gefährdete weiße Stellung kaum noch zu halten. Nach 24. f2—f3, Db2: 25. Db2:, Tb2: 26. Ta3 hätte wenigstens ein weißer Turm eine drohende Stellung erlangt.

24. .... Lc6—e4:

25. Th1—h3 f7—f5

26. f2—f3 Le4—c6

27. g4—f5: Sd4—f5:

28. Te3—c3 Tb8—f8

Schwarz postiert alle Figuren sehr wirkungsvoll. Wie kläglich stehen dagegen die weißen Steine!

29. h4—h5 Tf8—f6
30. h5—h6 Sf5—d4
31. Dd2—e3 Db7—d7
32. De3—g5 Kg8—f7
33. Dg5—g2 Dd7—f5
34. Dg2—g4 Df5—g4:
35. f3—g4: Lc6—g2
36. Th3—h2 ....

Oder 36. Tg3, Tf1† 37. Kd2, Tf2† nebst Ta2:.

36. .... Tf6—f1†
37. Ke1—d2 Lg2—f3!

Erzwingt 38. Lf3: und damit den Rückgewinn der Qualität. Der Rest ist angesichts der schwachen weißen Bauern einfach.

38. Ld1—f3: Sd4—f3‡
39. Tc3—f3: Tf1—f3:
40. Kd2—e2 Tf3—g3
41. Th2—f2† Kf7—e6
42. Tf2—h2 Tg3—g4:

43. Ke3, g5 44. Th3, Kf6 45. Th2, Th4 46. Tf2†, Ke6 47. Tf8, Th6: 48. Ta8, g4 49. Ta6:, Tf6 50. Ta8, Kf7 51. Ta7†, Kg6 52. Ta8, Kg7 53. Ta7†, Tf7 54. Ta6 (nach Tf7:, Kf7: 55. a4, Ke6 erreicht der König den a-Bauern noch), g3 55. Td6:, g2. Aufgegeben. Eine sehr interessante Partie.

Dritte Runde, gespielt am 31. März.

Bauer siegte über Dr. Michalitschke durch methodische Belagerungsarbeit, Blechschmidt, der sich wieder als gewiegter Taktiker erwies, über Kühn und Becker über Blümich, der bereits die Qualität bei guter Stellung gewonnen hatte, dann aber schlecht spielte. Unentschieden endeten die Partien Dr. Müller — Schaffartzik und Woog — Vordank. Stand nach der 3. Runde: Blechschmidt, Dr. W. Müller 2½, Bauer, Vordank 2, Becker, Blümich, Woog 1½, Schaffartzik 1, Dr. Michalitschke ½, Kühn 0.

Partie Nr. 5.
Unregelmäßig.

Weiß:	Schwarz:
P. Blechschmidt	R. Kühn

1. d2—d4 d7—d6
2. c2—c4 Sg8—f6
3. Sg1—f3 Sb8—d7
4. Sb1—c3 e7—e5

Diese Spielweise ist völlig genügend. Es ist eine Art Philidorscher Verteidigung entstanden, besonders wenn Weiß nun e2—e4 spielt, mit dem Unterschiede, daß der c-Bauer auf c4 steht, wo er in dieser Eröffnung nichts zu suchen hat und dem Lf1 im Wege steht.

5. e2—e3 g7—g6
6. Lf1—e2 Lf8—g7
7. 0—0 0—0
8. Dd1—c2 Tf8—e8

9. Tf1—d1 Sf6—g4
10. h2—h3 ....

Treibt den Springer nur nach h6, wo er sowieso hin will.

10. .... Sg4—h6
11. b2—b4 Sh6—f5
12. Ta1—b1 c7—c6
13. Tb1—b3 Dd8—c7
14. g2—g4 Sf5—e7
15. Sc3—e4 d6—d5
16. c4—d5: Se7—d5:
17. Se4—g3 e5—d4:
18. Sf3—d4: Sd7—f8

Schwarz hat seine Stellung Zug um Zug verbessert und steht überlegen.

19. Le2—c4 Sd5—b6
20. Lc4—f1 Sf8—e6
21. Sd4—f3 Dc7—e7
22. a2—a3 Lc8—d7
23. e3—e4 c6—c5
24. b4—b5 Se6—d4
25. Sf3—d4: Lg7—d4:
26. Tb3—f3 Ta8—c8
27. a3—a4 Ld7—e6
28. Lc1—f4 Te8—d8
29. a4—a5 Sb6—d7
30. Tf3—d3 b7—b6
31. Sc3—e2 Ld4—e5
32. Dc2—d2 c5—c4!

Zwingt den Weißen, die Triplierung wieder aufzugeben.

33. Td3—f3 Sd7—c5
34. Dd2—c2 Td8—d1:

(S. Stellungsbild.)

35. Lf4—e5:! ....

Weiß gibt, um nicht völlig erdrückt zu werden, das furchtbare Läuferpaar zu beseitigen und den Freibauern aufzuhalten, die Qualität in der Hoffnung, durch die

Stellung nach dem 34. Zuge von Schwarz.

Besetzung der offenen Diagonale a1—h8 Gegenchancen zu erhalten.

35. .... De7—d7
36. Se2—c3 Td1—d2
37. Dc2—c1! ....

Droht Sc3—b1, denn der Turm muß stillhalten, weil sonst Weiß mit Dh6 einen gefährlichen Angriff einleiten würde.

37. .... Sc5—b3
38. Dc1—e1 h7—h6

Um De3 mit Kh7 beantworten zu können. Dabei geht aber ein wichtiger Bauer verloren. Schwarz hat durch das feine Opfer des Gegners nicht nur den Angriff verloren, seine Stellung ist darüber hinaus arg gefährdet.

39. a5—b6: a7—b6:
40. De1—e3 Kg8—h7
41. De3—b6 Td2—b2

Mit der Rückgabe der Qualität ist das schwarze Spiel gänzlich verloren. Ein aussichtsvoller Plan ist freilich für Schwarz schwer zu finden.

42. Sc3—d5 Le6—d5:
43. Le5—b2: Ld5—e6

Le4: verbietet sich natürlich wegen 44. Df6, Tg8 45. Df7†.

44. Lb2—c3 Sb3—d2
45. Tf3—e3 Sd2—f1:
46. Kg1—f1 Dd7—d1†
47. Kf1—g2 Dd1—d8
48. Db6—a7 ....

Natürlich nicht Dametausch, da Weiß durch Königsangriff entscheiden möchte.

48. .... Tc8—a8?

Danach gelangt die Dame vor den Läufer. Freilich drohte auch f2—f4—f5.

49. Da7—c5 Dd8—d7
50. Dc5—e5 Ta8—g8
51. Te3—e1 Dd7—b7
52. Kg2—g3 ....

Sofort Tb1 kam in Betracht. Jetzt kann Schwarz den Dametausch erzwingen, ohne sich freilich damit retten zu können.

52. .... Db7—b8
53. Te1—b1 f7—f5

Oder De5: 54. Le5:, Lc8 55. Ta1 nebst Ta7 und b5—b6—b7.

54. b5—b6 f5—e4:
55. b6—b7 Le6—d5
56. Kg3—g2 Ld5—b7:?
57. De5—e7† Aufgegeben.

Partie Nr. 6.
Spanische Partie.

Weiß:	Schwarz:
F. Woog	K. Vordank

1. e2—e4 e7—e5
2. Sg1—f3 Sb8—c6
3. Lf1—b5 a7—a6
4. Lb5—a4 Sg8—f6
5. 0—0 Lf8—e7
6. d2—d3 b7—b5
7. La4—b3 d7—d6
8. Sb1—c3 Lc8—g4

Es käme in Betracht, den Läufer auf b7 aufzustellen und nach der 0—0 auf den Vorstoß des f- oder d-Bauern zu spielen.

9. Lc1—e3 0—0
10. Sc3—e2 ....

In der Partie John—Marco, Coburg, geschah hier 10. h3, Lh5 11. a2—a3, um den Läufer vor dem Abtausch zu bewahren.

10. .... Sc6—a5

Wenn Schwarz jetzt den Königsflügel nicht mit Lf3: aufreißen kann — und es scheint so, als wäre das vorteilhaft für Weiß — dann war Lg4 verfehlt.

11. Se2—g3 Sa5—b3:
12. a2—b3: Sf6—e8
13. h2—h3 Lg4—e6
14. d3—d4 ....

Damit erlangt Weiß das bessere Spiel.

14. .... e5—d4:
15. Sf3—d4: Le7—f6
16. Dd1—e2 Lf6—d4:
17. Le3—d4: Sg8—f6
18. Tf1—d1 Dd8—e7
19. De2—f3 Sf6—d7
20. Sg3—h5 f7—f6
21. Sh5—f4 Sd7—e5
22. Df3—e3 De7—f7
23. Sf4—e6: Df7—e6:
24. Le3—a7! f6—f5!

Der Bauer a6 ist nicht zu decken. Eine merkwürdige Art von Bauerngewinn.

25. e4—f5: De6—f5:

26. Ta1—a6: Ta8—e8
27. De3—d2 ....

27. .... Se5—f3†!

Jetzt zeigt sich aber, daß die weißen Figuren bei dem Bauerngewinn etwas ungünstig zu stehen gekommen sind, so daß Schwarz durch dies schöne Opfer ein Remis erzwingen kann.

28. g2—f3: Df5—h3:
29. La7—e3 Tf8—f6
30. Dd2—d5† Kg8—h8
31. Le3—g5 Tf6—f5

Tg6 ist weniger zwingend.

32. Ta6—a8 Tf5—g5†
33. Df5—g5: Te8—a8:

Unentschieden.

Vierte Runde, gespielt am 1. April.

In dieser Runde übernahm Blechschmidt, der gegen Dr. Michalitschke gewann, die Führung. Dr. Müller verlor durch unkorrekte Opfer gegen Bauer, Vordank, der bereits überlegen stand, übersah eine Falle und verlor gegen Blümich, Schaffartzik verlor gegen Becker und die Partie Kühn—Woog wurde unentschieden. Stand: Blechschmidt $3^1/_2$, Bauer 3, Becker, Blümich, Dr. Müller $2^1/_2$, Vordank, Woog 2, Schaffartzik 1, Kühn, Michalitschke $^1/_2$.

Partie Nr. 7.

Damenbauernspiel.

Weiß:		Schwarz:
R. Kühn		F. Woog
1.	d2—d4	Sg8—f6
2.	Sb1—d2	d7—d5
3.	e2—e3	c7—c5
4.	b2—b3	c5—d4:
5.	e3—d4:	Lc8—f5

Mit Sc6 6. Sf3, Lg4 7. 0—0, e6 8. Lb2 wäre eine bekannte Variante des Damengambits, allerdings mit Weiß als Verteidiger, Schwarz als Angreifer, entstanden.

6. Sg1—f3 e7—e6
7. Lf1—e2 Dd8—c7
8. Lc1—b2 ....

Er will, schlägt Schwarz zweimal auf c2, Tc1 spielen und, mit dem Turm ins feindliche Spiel eindringend, den Angriff an sich reißen.

8. .... Dc7—c2:!
9. Dd1—c2 Lf5—c2:
10. Ta1—c1 Lc2—g6

11. Tc1—c7 Ke8—d8!

Jetzt zeigt sich, daß Schwarz weiter gerechnet hat. Nimmt der Turm, so gerät er in bedenkliche Situationen. b7—b6 wäre wegen 12. Se5, Sd7 13. Sd7:, Sd7: 14. Lb5 schlecht.

12. Tc7—b7: ....

Wer A gesagt hat, muß auch B sagen. Geht der Turm zurück, so hat Weiß einen Bauer ohne Ersatz verloren.

12. .... a7—a6!

Schneidet dem Turm den Rückzug über b5 ab und droht 13. Kc8.

13. Sf3—e5 Sf6—d7!
14. Sd2—f3 Kd8—c8
15. Tb7—b8⁑ Sd7—b8:

Damit hat Weiß die Qualität eingebüßt. Der Gewinn ist aber für seinen Gegner gar nicht leicht, denn das Läuferpaar verhindert das Eindringen der Türme und außerdem hat Schwarz Schwächen auf a6 und f7.

16. 0—0 Ta8—a7
17. Tf1—c1† Ta7—c7

Auch nach Kb7 18. Sg5 oder Kd8 18. Sg5 hat Weiß guten Angriff.

18. Tc1—c7⁑ Kc8—c7:
19. Sf3—g5 Lf8—e7

Bauernverlust ist unvermeidlich.

20. Sg5—f7: Lg6—f7:
21. Se5—f7: Th8—c8

Der Turm möchte natürlich gern nach c2 eindringen. Weiß verhindert dies aber mit Leichtigkeit und deshalb wäre wohl der naheliegende Zug Tf8 besser.

22. Le2—d3 h7—h6
23. Sf7—e5 Sb8—c6
24. Se5—c6: Kc7—c6:
25. Kg1—f1 Kc6—b6
26. Kf1—e2 Le7—b4
27. Ke2—e3 Lb4—c3
28. Lb2—a3 ....

Natürlich wäre der Läufertausch der Anfang vom Ende. Im folgenden ist Schwarz weiter bemüht, den Läufer zu tauschen, Weiß, das zu hindern.

28. .... e6—e5
29. La3—c5† Kb6—c6
30. b3—b4 e5—d4⁑
31. Ke3—f4! a6—a5
32. a2—a3 a5—b4:
33. a3—b4: Tc8—b8

Nachdem die Damenflügelbauern beseitigt sind, hat Schwarz keine Aussicht auf Gewinn. Die schwarzen Figuren können in der ganzen Partie auf keine guten Plätze kommen.

34. Kf4—f5 Lc3—b4:
35. Lc5—d4: Lb4—c5
36. Ld4—g7: Tb8—g8
37. Lg7—h6: Tg8—g2:
38. h2—h4 Tg2—f2⁑
39. Kf5—g6 Tf2—f3
40. Ld3—c2 Tf3—g3†
41. Kg6—f5 d5—d4
42. Lc2—e4† Kc6—b5
43. Lh6—f4 Unentschieden.

Weiß hat die Partie sehr geschickt zum Ausgleich geführt.

Fünfte Runde, gespielt am 2. April.

Die Führenden hatten heute ihren schlechten Tag. Blechschmidt mußte nach hochinteressantem Kampfe gegen Dr. Müller die Waffen strecken und Bauer verlor gegen Schaffartzik. Sie wurden dadurch von Dr. Müller, Vordank und Blümich, die gegen Becker und Kühn gewannen, ein- und überholt. Woog erzielte sein scheinbar unvermeidliches Remis, diesmal gegen Dr. Michalitschke. Stand: Blechschmidt, Blümich, Dr. Müller je 3½, Bauer, Vordank 3, Becker, Woog 2½, Schaffartzik, Dr. Michalitschke 1, Kühn ½.

Partie Nr. 8.
Damengambit.

Weiß:	Schwarz:
Blechschmidt	Dr. W. Müller
1. d2—d4	d7—d5
2. c2—c4	e7—e6
3. Sb1—c3	c7—c6
4. Sg1—f3	Sg8—f6
5. Lc1—g5	Lf8—e7
6. e2—e3	Sb8—d7
7. Dd1—c2	d5—c4:
8. Lf1—c4:	Sf6—d5
9. h2—h4	f7—f6

Von fraglichem Werte; auf e6 entsteht dadurch eine empfindliche Schwäche.

10. Lg5—f4	Sd7—b6
11. Lc4—b3	Sd5—f4:
12. e3—f4:	Sb6—d5
13. g2—g3	Dd8—a5
14. 0—0	....

Nur scheinbar gibt Weiß damit die Absicht, auf dem Königsflügel anzugreifen, auf.

14.	0—0
15. Tf1—e1	Le7—b4
16. Ta1—c1	Lc8—d7

Sc3: 17. bc, La3 18. Td1, Dh5, um die Dame zur Deckung des Königs bereit zu stellen, wäre schlecht, z. B. 19. Kg2, Te8 20. f5. Der S muß zur Sperrung der Läuferlinie auf d5 bleiben.

17. Te1—e2	Ta8—e8
18. Sc3—e4	b7—b6!

Der Springer soll nicht nach c5, damit Lb4 nicht getauscht zu werden braucht.

19. Kg1—g2	Da5—a6

Schwarz arbeitet daran, seine Dame, die zurzeit etwas kalt gestellt ist, ins Spiel zu bringen.

20. h4—h5	....

Der Bauer bliebe besser auf h4, damit nach späterem Th1 und Sg5 der Bf6 nicht nehmen kann, ohne daß die h-Linie durch hg geöffnet wird.

20.	Da6—b7
21. a2—a3!	Lb4—e7
22. Lb3—a2	f6—f5

Erzwungen, da nach Lb1 Matt drohen würde.

23. Se4—d2	c6—c5!

Dieser starke Zug gibt der Dame plötzlich große Wirkung.

24. Kg2—h2	Tf8—f6!
25. Tc1—h1	Tf6—h6
26. Kh2—g1	Ld7—c6

Droht Sf4: nebst Lf3:.

27. Dc2—d3 Le7—d6
28. Th1—h4! Te8—f8

Kg8—h8 kam in Frage.

29. Sd2—c4 ....

Solider war wahrscheinlich Sg5, worauf Dd7 geschehen mußte.

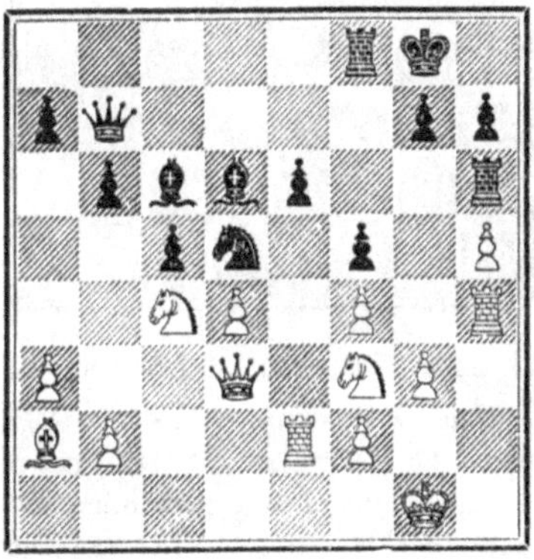

29. .... Sd5—f4:!!
30. g3—f4: ....

Oder 30. Sd6:, Se2†!! 31. De2:, Lf3:! usw.

30. .... Lc6—f3:!
31. Sc4—d6: ....

Besser war 31. Te6:!!, Te6: 32. Sd6:, Ld5!, denn nach 33. Sb7: müßte Schwarz durch Te1† 33. Kh2, Th1† usw. unentschieden halten. Weiß seinerseits könnte nicht mit 33. Df1 auf Gewinn spielen, denn durch Tf1† nebst La2: würde Schwarz mindestens ausgleichen.

31. .... Lf3—e2:
32. Sd6—b7: ....

Ursprünglich hatte Weiß beabsichtigt, mit De2: fortzufahren, sah aber jetzt, daß De7 zwei Figuren angreift. Trotzdem hätte De2: geschehen sollen, denn nach De7 kann der Springer mit 33. De5 gedeckt werden, ohne das Schwarz den Turm nehmen kann. Man vgl. 33. .... Dh4: 34. Le6‡, Kh8 (Te6:? 35. De6†, Kh8 36. Sf7† nebst ‡ in 3 Zügen) 35. Sf7†, Kg8 36. Sh6‡, Kh8 37. Sf5: und gewinnt. Schwarz hätte am besten mit (De2, De7 33. De5), c5—d4: fortgesetzt, denn nach 34. Sf5:, Tf5: 35. Df5:, Dh4: 36. Le6†, Te6: 37. De6†, Kf8 hätte Weiß nur remis. Auf 34. Th3 aber könnte Df6 folgen.

32. .... Le2—d3:
33. d4—c5: Ld3—e4!
34. Sb7—d6 b6—c5:
35. Sd6—e4: f5—e4:

36. Lb1, Tb8 37. Le4:, Tb2: 38. Th3, Kf7 und gewann. Schwarz hat die Partie sehr gut gespielt.

Partie Nr. 9.
Spanische Partie.

Weiß:	Schwarz:
R. M. Blümich	R. Kühn

1. e2—e4 e7—e5
2. Sg1—f3 Sb8—c6
3. Lf1—b5 d7—d6
4. Sb1—c3 Lc8—d7
5. 0—0 g7—g6

Um der Theorie aus dem Wege zu gehen. Viel besser ist aber das übliche Le7.

6. d2—d4 Lf8—g7
7. Lc1—g5 Dd8—c8

Es ist schwer zu sagen, was hier das beste ist. Offenbar steht Schwarz schon unbequem.

8. d4—e5: Sc6—e5:

9. Sf3—e5: Lg7—e5:

Lb5: 10. Sf7:, Lf1: 11. Dd5 sieht noch unfreundlicher aus.

10. Lb5—d3 Sg8—f6

Das sperrt den Le5 vorübergehend aus, woraus Weiß sogleich Nutzen zieht.

11. f2—f4 Le5—d4†
12. Kg1—h1 Sf6—g4
13. Dd1—e1 ....

Hier steht die Dame sehr gut; sie hat die Ausfallsfelder c3, g3 und h4 und außerdem droht e4—e5 die e-Linie zu öffnen.

13. .... Ld4—g7

0—0 scheitert an 14. Sd5 nebst h3.

14. h2—h3 f7—f6

Auf Sf6 folgt 15. e5, auf Sh6 15. Dh4 nebst 16. f5.

15. Lg5—h4 Sg4—h6
16. Sc3—d5 ....

Weiß hat den Gegner dank dessen 5. Zug völlig überspielt und leitet hiermit den Schlußangriff ein.

16. .... Kg8—f7

Auf Sg8 oder Tf8 folgt 17. e4—e5.
(S. Stellungsbild.)

17. f4—f5! g6—g5

g6—f5: 18. De2.

18. Ld3—c4! Kf7—e8

Es drohte Damenverlust.

19. Lh4—g5: f6—g5:
20. f5—f6 Lg7—f8
21. f6—f7† Sh6—f7:

Stellung nach dem 16. Zuge von Schwarz.

22. Tf1—f7:! Ld7—h3:

Nach Kf7: konnte Weiß sowohl durch 23. Sb6†, Le6 24. Df1† nebst 25. Sc8: die Dame gewinnen als auch mit 23. Df1†, Ke8 24. Df6 drohend Matt in zwei Zügen fortfahren. Der Textzug ist ein aussichtsloser Versuch, ein ewiges Schach zu erreichen.

23. Sd5—c7‡ Ke8—d8
24. De1—c3 ....

Vernichtend!

24. .... Lh3—g2‡

25. Kh1—g1 und gewann, denn es droht Matt in zwei Zügen und auf Dg4 gewinnt 26. Df6†, Kc8 27. Le6† die Dame.

Diese Partie erhielt den Schönheitspreis.

Sechste Runde, gespielt am 3. April.

Woog machte auch seine Partie gegen Dr. Müller unentschieden. Ebenso endete die Partie Schaffartzik—Vordank, während Kühn gegen Becker, Dr. Michalitschke gegen Blümich und Bauer gegen

Blechschmidt verlor. Stand: Blechschmidt, Blümich $4^1/_2$, Dr. Müller 4, Becker, Vordank $3^1/_2$, Bauer, Woog 3, Schaffartzik $2^1/_2$, Dr. Michalitschke 1, Kühn $^1/_2$.

Partie Nr. 10.

Damenbauernspiel.

Weiß:	Schwarz:
R. Bauer	P. Blechschmidt

1.	d2—d4	d7—d5
2.	Sg1—f3	Sg8—f6
3.	g2—g3	....

Prof. Bauer hat die Flankenentwicklung mehrfach in dieser Eröffnung angewandt. Schwarz hat dabei keine Schwierigkeiten, das Spiel auszugleichen.

3.	....	Lc8—f5
4.	Lf1—g2	c7—c6
5.	Sb1—d2	h7—h6

Um sich den Läufer auf der Diagonale erhalten zu können.

6.	0—0	e7—e6
7.	c2—c4	Lf8—d6
8.	Dd1—b3	Dd8—c8
9.	Sf3—h4	Lf5—h7
10.	Tf1—e1	g7—g5

Das ist überkühn und sollte zum Verlust führen.

11.	Sh4—f3	Sb8—d7
12.	Db3—c3	Dc8—c7
13.	b2—b3	Th8—g8
14.	Lc1—b2	h6—h5
15.	Sf3—e5	h5—h4
16.	e2—e4	d5—e4:
17.	Se5—d7:	....

Er überstürzt den Angriff, der mit Se4: nebst Ta1—c1 weiter vorbereitet werden sollte. Jetzt reißt Schwarz sehr bald den Angriff an sich.

17.	....	Dc7—d7:
18.	d4—d5	Sf6—d5:!
19.	c4—d5:	c6—d5:

Schwarz hat drei Bauern für die geopferte Figur und guten Angriff auf den Königsflügel, während die weißen Offiziere durch das schwarze Bauernzentrum völlig kalt gestellt sind.

20.	Ta1—d1	Ta8—c8
21.	Dc3—f6	h4—g3:
22.	h2—g3:	Tc8—c2
23.	Lg2—e4:	d5—e4:
24.	Sd2—c4:	Tc2—c4:!
25.	b3—c4:	Dd7—c7
26.	Df6—c3	Lh7—f5
27.	Dc3—d2	Ld6—e7
28.	Td1—c1	b7—b6
29.	Lb2—d4	f7—f6
30.	Dd2—c2	Ke8—f7
31.	c4—c5	b6—c5:
32.	Te1—e3	Tg8—c8
33.	Dc2—e2	Dc7—d8
34.	Ld4—b2	Dd8—h8
35.	g3—g4?	Le7—d6
36.	f2—f3	e4—f3:
37.	Te3—f3:	Lf5—g4:

und gewann.

Siebente Runde, gespielt am 4. April.

Die Überraschung der Runde war die Tatsache, daß Woog nicht remis machte, sondern eine hübsche Partie gegen Bauer gewann. Blechschmidt verlor gegen Schaffartzik durch einen bösen Fehler bereits in der Eröffnung einen Offizier und infolgedessen die Partie, Vordank gewann kampflos einen Punkt, da sein Gegner Kühn zurückgetreten war und die Partien Becker—Dr. Michalitschke, ein Allgaiergambit, und Blümich—Müller wurden unentschieden. Stand: Blümich 5, Blechschmidt, Dr. Müller, Vordank $4^{1}/_{2}$, Becker, Woog 4, Schaffartzik $3^{1}/_{2}$, Bauer 3, Dr. Michalitschke $1^{1}/_{2}$, Kühn $^{1}/_{2}$.

Partie Nr. 11.
Allgaiergambit.

	Weiß:	Schwarz:
	E. Becker	Dr. Michalitschke
1.	e2—e4	e7—e5
2.	f2—f4	e5—f4:
3.	Sg1—f3	g7—g5
4.	h2—h4	g5—g4
5.	Sf3—g5	....

Der jugendliche Magdeburger ist sehr angriffslustig. Dieses Gambit ist zwar gefährlich, aber doch nicht ganz korrekt.

5.	....	d7—d5
6.	d2—d4	h7—h6
7.	Sg5—f7:	Ke8—f7:
8.	Lc1—f4:	Sg8—f6

d5—e4: wäre gewagt, denn der Lf1 käme dann sehr gut ins Spiel.

9.	Sb1—c3	....

Aussichtsreicher wäre e4—e5.

9.	....	Lf8—b4
10.	Lf1—e2	Lb4—c3:
11.	b2—c3:	d5—e4:
12.	0—0	Lc8—e6
13.	Lf4—e5	Sb8—d7
14.	Le2—g4:	Kf7—e7

Droht Se5: 16. de, Sg4:, was bisher wegen der Fesselung des Sf6 einen Offizier kosten würde. Auf 14. .... Dg8 könnte Weiß mit 15. Tf6‡, Sf6: 16. Df1 den Angriff festhalten, z. B. Dg7 17. Le6‡, Ke6: 18. Dc4†, Ke7 19. Dc7†, Kf8 20. Dd6† nebst Tf1. Besser als der Textzug wäre jedoch Tg8.

15.	Tf1—f6‡!	....

Die einzige Möglichkeit, die Partie zu retten.

15.	....	Sd7—f6:
16.	Le5—f6‡	Ke7—f6:
17.	Lg4—e6:	Kf6—e6:

Schwarz muß nehmen, da sonst d4—d5 den Läufer deckt.

18.	Dd1—g4†	Ke6—d6

Geht der König auf die f-Linie, so entscheidet das Eingreifen des Turmes zugunsten von Weiß.

19.	Dg4—g6†	Kd6—d7
20.	Dg6—f5†	Kd7—c6
21.	Df5—c5†	Kc6—d7
22.	Dc5—f5†	Kd7—c6

Unentschieden durch ewiges Schach.

Partie Nr. 12.
Spanische Partie.

Weiß:	Schwarz:
F. Woog	R. Bauer

1. e2—e4 e7—e5
2. Sg1—f3 Sb8—c6
3. Lf1—b5 a7—a6
4. Lb5—a4 Sg8—f6
5. 0—0 Sf6—e4:
6. d2—d4 b7—b5
7. La4—b3 d7—d5
8. d4—e5: Lc8—e6
9. c2—c3 Lf8—e7
10. Lc1—e3 0—0
11. Sb1—d2 Se4—c5

Oder f5 12. Sd4!, Sd4: 13. cd, Dd7 14. f4, c6 15. Tc1. Gebräuchlicher als der Textzug ist Lg4; auf Sa5 folgt sehr gut 12. Se4:, Sb3: 13. Sf6†!, gf 14. ab.

12. Lb3—c2 Sc5—d7

Hier wäre Lg4 wohl besser.

13. Sd2—b3 ....

Besser ist hier Le3—f4, denn Schwarz könnte jetzt 13. .... Se5: schlagen und hätte dann nach 14. Se5:, Se5: 15. Lh7‡, Kh7: 16. Dh5†, Kg8 17. De5:, Ld6 18. Dh5 mit seinem Läuferpaar ein befriedigendes Spiel trotz der Drohung f2—f4—f5 und Tf3.

13. .... h7—h6?

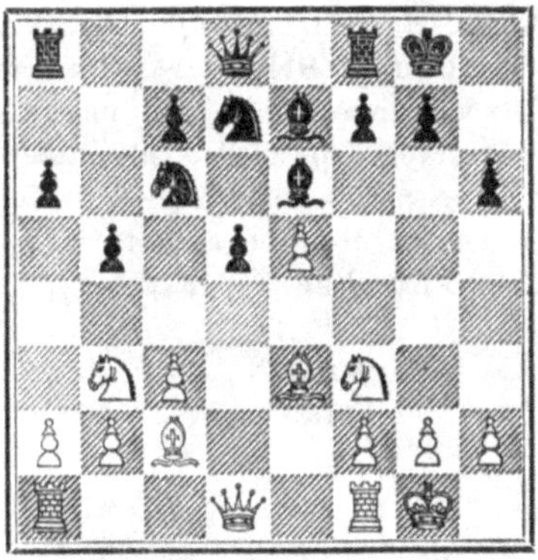

14. Le3—h6:! g7—h6:
15. Dd1—d3 f7—f5
16. e5—f6: Tf8—f6:

Das ist besser als Sf6:, denn darauf würde 17. Dg6†, Kh8 18. Dh6‡, Kg8 19. Sg5 nebst f4 und Tf3 schnell entscheiden.

17. Dd3—h7† Kg8—f8
18. Lc2—g6 Le7—d6
19. Dh7—h6‡ Kf8—e7
20. Dh6—g7† Le6—f7
21. Tf1—e1† Sd7—e5
22. Sf3—e5: Ld6—e5:
23. Lg6—f7: Dd8—h8

Auf Tf7: entscheidet 24. Te5‡ schnell: Se5: 25. De5‡, Kf8 25. Dh8†, Ke7 26. Te1†, Kd7 27. Dh3† usw. oder Kd7 25. Sc5† nebst De6†.

24. Dg7—h8: Ta8—h8:
25. Lf7—d5: und gewann.

Achte Runde, gespielt am 5. April.

Die vier Führenden, die heute mit den weniger Glücklichen zu spielen hatten, konnten ihre Partien sämtlich gewinnen. Blechschmidt siegte über Woog, der in Zeitnot einen groben Fehler machte, Vordank über Dr. Michalitschke, Dr. W. Müller über Becker und Blümich über Bauer. Schaffartzik erhielt kampflos einen Punkt gegen Kühn. Die vier ersten haben sich nun zwar von den übrigen losgelöst, über ihre Reihenfolge entscheidet jedoch die letzte Runde, in der sie gegeneinander zu spielen haben. Stand: Blümich 6, Blechschmidt, Dr. W. Müller, Vordank $5^1/_2$, Schaffartzik $4^1/_2$, Becker, Woog 4, Bauer 3, Dr. Michalitschke $1^1/_2$, Kühn $^1/_2$.

Partie Nr. 13.
Unregelmäßig.

	Weiß:	Schwarz:
	R. Bauer	M. Blümich
1.	d2—d4	Sg8—f6
2.	Sg1—f3	d7—d6
3.	g2—g3	Sb8—d7
4.	Lf1—g2	e7—e5
5.	0—0	Lf8—e7

g7—g6 nebst Lg7 kommt sehr in Betracht.

6.	c2—c3	0—0
7.	Dd1—c2	c7—c6
8.	Sb1—a3	e5—e4
9.	Sf3—h4	d6—d5
10.	Sh4—f5	Le7—a3:

Weiß hoffte aus der offenen b-Linie Kapital schlagen zu können.

11.	b2—a3:	Sd7—b6
12.	Sf5—e3	Sf6—g4

Schwarz möchte den weißen Springer beseitigen, damit sich der Sb6 auf c4 festsetzen kann.

13.	Se3—d1	f7—f5
14.	f2—f3	Sg4—f6
15.	Ta1—b1	h7—h6
16.	Dc2—b3	Kg8—h8
17.	Lc1—f4	Sf6—h5
18.	Lf4—e5	Sb6—c4!

Wie in seiner Partie gegen Kühn setzt Prof. Bauer auch hier einen Offizier in beherrschender Stellung im feindlichen Lager fest und opfert dafür die Qualität, die nach dem Zuge Sc4 nicht mehr zu retten ist. Das Opfer ist aber inkorrekt. Der Sh5 steht zwar schlecht, die schwarzen Türme stehen wirkungslos, aber Weiß kann auch nicht viel anfangen und Schwarz befreit sich nach und nach.

19.	f3—f4	Sc4—d2
20.	Db3—b4	Sd2—b1:
21.	Db4—b1:	b7—b6

Zuerst wird dem Druck auf der offenen b-Linie entgegengewirkt.

22.	Sd1—e3	Lc8—e6
23.	Lg2—h3	Dd8—d7
24.	Db1—b4	Ta8—c8

Und nun soll die Stellung des Le5 durch c6—c5 erschüttert und den Türmen die c-Linie geöffnet werden.

25.	Db4—a4	Sh5—f6
26.	Tf1—b1	Sf6—g8
27.	Da4—b4	Tf8—f7

Auf Sg8—e7? folgt 28. Ld6, Tf7 29. Le7:, Te7: 30. Lf5:.

28.	Se3—g2	....

Er will den schwarzen Springer nicht nach g6 lassen, von wo er den Le5 tauschen könnte.

28.	....	Sg8—e7
29.	Sg2—h4	Kh8—h7
30.	Db4—d6	....

Nunmehr stellt Schwarz seinen Vorteil in wenigen wuchtigen Zügen klar.

30. .... g7–g5
31. f4–g5: ....

Erzwungen, denn Sg2 verliert wegen g5–g4 eine Figur.

31. .... h6–g5:
32. Sh4–g2 Dd7–d6:

Jetzt wäre g4 wegen Sf4 schlecht.

33. Le5–d6: Se7–g6
34. Sg2–e3 Tc8–d8

Der Läufer, ehemals die Zierde des weißen Spiels, steht jetzt schlecht und ruiniert bei seinem Abtausch noch die Bauernstellung. 35. Lb4 scheitert natürlich an a5.

35. Ld6–e5 Sg6–e5:
36. d4–e5: Kh7–g6
37. Lh3–f1 c6–c5
38. Se3–g2 d5–d4
39. c3–d4: c5–d4:
40. h2–h4 Td8–d5

g5–h4:?? 41. Sf4†.

41. Tb1–d1 Tf7–d7
42. h4–g5: Td5–e5:
43. Sg2–f4† Kg6–g5:
44. Td1–c1 Le6–a2:

Er nimmt ruhig den Bauern, denn der weiße Angriff ist aussichtslos.

45. Tc1–c6 La2–f7

Deckt das Matt durch Tg6.

46. Kg1–h2 Te5–a5
47. Sf4–h3† Kg5–h5

Nicht Kg4 wegen 48. Th6, Lh5 49. Sf4.

48. Sh3–f4† Kh5–g4!

Nun führt 49. Th6 wegen Kg5 zu nichts.

49. Lf1–h3† Kg4–g5!

Das Mattnetz ist nicht vollkommen und ewiges Schach ist auch nicht zu erzielen. Nach drei Schachs hat Schwarz jedesmal eine Atempause, genügend, um das Übergewicht zur Geltung zu bringen.

50. Lh3–g2 Ta5–a3:
51. Sf4–h3† Kg5–h5
52. Sh3–f4† Kh5–g4
53. Lg2–h3† Kg4–g5
54. Lh3–f1 Ta3–a2
55. Sf4–h3† Kg5–h5
56. Tc6–f6 d4–d3
57. Tf6–f5 ‡ Kh5–h6

Aufgegeben.

Neunte (letzte) Runde, gespielt am 6. April.

Die Spannung über den Ausgang des Turniers war aufs höchste gestiegen. Mit Recht erwartete man, daß sich um die ersten Preise erbitterte Kämpfe entwickeln würden. Zuerst endete die Partie Becker – Bauer nach wildem, wechselvollem Kampfe mit dem Siege des Nachziehenden. Dann gelang es Dr. Müller, aus einem verwickelten Mittelspiel gegen Vordank in ein gewonnenes Endspiel überzulenken und sich damit mindestens den zweiten Preis zu sichern. Woog – Schaffartzik einigten sich in einem Endspiel von Turm + 2 Bauern gegen Turm auf

Remis, nachdem Woog, der lange Zeit mit einem Bauern mehr treffliche Gewinnchancen hatte, den Sieg verschenkt hatte. Nach der Mittagspause hing nur noch die Partie Blümich—Blechschmidt, ein schwieriges Endspiel, in dem beide Teile auf Gewinn hofften und die schließlich der Vertreter Leipzigs zu seinem Gunsten entscheiden konnte. Dr. Michalitschke gewann kampflos einen Punkt gegen Kühn. Schlußstand: Blümich 7, Dr. W. Müller 6½, Blechschmidt, Vordank 5½, Schaffartzik 5, Woog 4½, Becker, Bauer 4, Dr. Michalitschke 2½, Kühn ½.

Partie Nr. 14.
Spanische Partie.

Weiß:	Schwarz:
M. Blümich	P. Blechschmidt

1. e2—e4 e7—e5
2. Sg1—f3 Sb8—c6
3. Lf1—b5 Sg8—f6
4. Sb1—c3 d7—d6
5. d2—d4 Lc8—d7
6. 0—0 Lf8—e7
7. b2—b3 ....

Mit 7. Te1 kann man den Gegner zum Schlagen auf d4 zwingen. Weiß verzichtet darauf, weil Schwarz früher oder später doch schlagen muß.

7. .... e5—d4:
8. Sf3—d4: 0—0
9. Lc1—b2 Tf8—e8
10. Lb5—c4 ....

Von Post empfohlen.

10. .... Le7—f8
11. f2—f4 Sc6—d4:

Auf 10. Se5 sollte Ld3 folgen. Schwarz will jedoch den Be4, der sein Spiel beengt, nicht stützen lassen, sondern beseitigen.

12. Dd1—d4: b7—b5

Nach Ld3 will sich Schwarz mit c7—c5 nebst d6—d5 ein Gegenspiel verschaffen.

13. Sc3—b5:! Te8—e4:
14. Dd4—d3 Ld7—c6

Das Ziel ist erreicht, e4 ist beseitigt; die schwarze Stellung weist aber durch die etwas gewaltsame Befreiung einige Schwächen auf. Vorläufig drohte Lf6: nebst De4: und Sc7:. Ohne sich auf die Verteidigung einzulassen, versucht Schwarz einen Angriff.

15. Lb2—f6: Dd8—f6:
16. Sb5—c7: Ta8—c8
17. Sc7—b5 Tc8—e8

Tf4: 18. Tf4:, Da1† 19. Tf1, Da2: 20. Tf7: wäre für Weiß günstig. Jetzt hat Schwarz eine sehr drohende Stellung erreicht.

18. Dd3—c3 Df6—c3:

Es drohte auch Lf7† nebst Dc6:.

19. Sb5—c3: Te4—e3
20. Sc3—d1 Te3—e7

Weiß hat zwar einen Bauer mehr, seine Figuren stehen aber schlecht und der Gegner hat das Läuferpaar. Vorerst soll der Abtausch eines Turmes durchgesetzt werden.

21. Lc4—d3 g7—g6
22. Ta1—c1 Lf8—h6

Auf 23. c3 könnte nun Te1 24. g3, g5 25. fg, Lg5: 26. Tc2, Lf3 folgen.

23. Tc1—b1 Lh6—g7

24. c2—c3 f7—f5
25. Tb1—b2 d6—d5
26. Tb2—d2 h7—h5
27. Kg1—f2 Kg8—f8

Auf d5—d4 käme 28. Lc4† nebst cd.

28. Td2—e2 ....

In Zeitnot ein Fehler, der den Bauern zurückverliert. g2—g3 mußte geschehen.

28. .... Te8—e2:
29. Ld3—e2: d5—d4!
30. c3—c4! Lc6—g2:
31. Kf2—g2: ....

Weiß hatte hier mit Tg1 nebst Tg6: fortfahren wollen und sah erst jetzt, daß er darauf verlieren würde: 31. Tg1, d3! 32. Ld3:, Ld4† 33. Kg2:, Lg1: 34. Kg1:, Te1† usw.

31. .... Te8—e2‡
32. Tf1—f2 Te2—e1
33. Sd1—b2 Te1—e3

Schwarz kann immer noch nicht aufatmen; er steht zwar am Königsflügel besser, aber der Bd4 ist schwach und die weißen Freibauern sind drohend.

34. Tf2—d2 h5—h4
35. Kg2—f2 Kf8—f7

Auf Ke7 hätte Schwarz mit Te2 den Turmtausch erzwungen.

36. Sb2—d3 Lg7—f6
37. Td2—d1 ....

Damit nach gelegentlichem g5, fg, Lg5: der Turm nicht bedroht ist.

37. .... h4—h3

Um Ke6 spielen zu können, ohne daß Te1 folgen kann. Außerdem muß Weiß nun e1 gedeckt halten, da er sonst durch Lh4† und Te1 matt wird.

38. b3—b4 Kf7—e6
39. a2—a4 Ke6—d6
40. b4—b5 Lf6—h4†

Gestützt auf die starke Stellung des Sd3 geht Weiß zum Angriff über. Schwarz hat kein rechtes Gegenspiel.

41. Kf2—f1 Lh4—d8

Er darf den Ba4 nicht weiter vorlassen.

42. c4—c5† Kd6—d5
43. c5—c6 Te3—f3†

Er muß immer den Bc6 bewachen. Weiß seinerseits strebt danach, ihn vorzustoßen und damit den Läufer zu gewinnen.

44. Kf1—e2 Tf3—e3†
45. Ke2—f2 ....

45. Kd2?, La5† 46. Kc1, Te2.

45. .... Ld8—h4†
46. Kf2—f1 Lh4—d8
47. Sd3—b4†! Kd5—e4

Der König muß d4 gedeckt halten. Auf Kc4 folgt 48. Sa6 nebst c7.

48. Td1—c1 Te3—c3

Auf d3 folgt nicht etwa 49. c7, Lc7 50. Tc7, d2 51. Td7, denn Schwarz würde mit Te1† gewinnen, sondern 49. Tc4†, Kf3 50. Td4, denn La5 genügt nicht wegen 51. Td3:, Lb4:? 52. Te3† nebst c7.

Schwarz sollte jedoch Lc7 versuchen. Nach 49. Sa6 könnte er dann mit dem Turm ewiges Schach geben.

49. Tc1—c3: d4—c3:
50. Kf1—e2 Ld8—a5

Er möchte nach 51. Sa6? mit c3—c2 gewinnen!

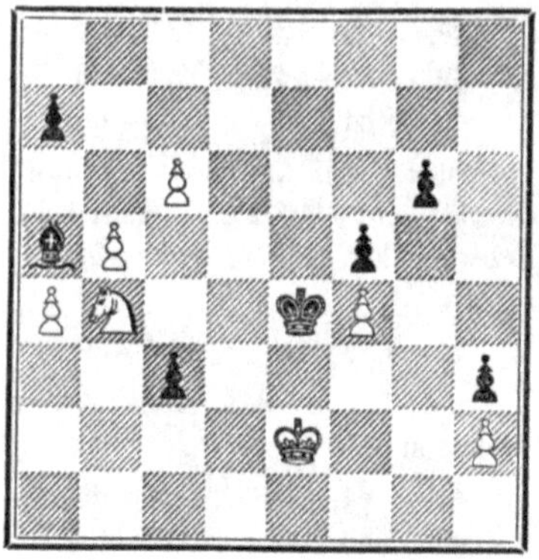

51. Ke2—d1! ....

Das entscheidet. Auf Kd4 folgt 52. Kc2 (nicht Sa6, Kd3 53. c7, c2† nebst Ld2†).

51. .... Ke4—f3
52. Sb4—d5 Kf3—g2

Auf Ld8 gewinnt 53. a5! 54. b5—b6!!.

53. b5—b6! ....

Nach c7, Lc7: würde Schwarz gewinnen.

53. .... La5—b6:

Oder Kh2 54. ba, Kg2 55. a8D, h2 56. Dh8 und gewinnt. Auch ab 54. c7, Kh2: 55. c8D ist aussichtslos.

54. Sd5—b6: Kg2—h2:
55. c6—c7 Kh2—g1
56. c7—c8D Aufgegeben,

denn auf h2 folgt 57. Dc5†, Kf1 58. Dc6, Kg1 59. Dg6‡, Kf1 60. Dh6, Kg2 61. a5, h1D 62. Dh1†, Kh1: 63. a6 nebst Sc8 usw. — Diese von beiden Seiten energisch auf Gewinn gespielte Partie entschied über den ersten Preis. Weiß erhielt dafür den Preis für die beste Endspielführung.

II. Sächsisches Meisterschaftsturnier.

Erste Runde, gespielt am 30. März.

Ergebnisse: Vetter gewann gegen Weißenstein, Burghold gegen Fässer, Reich gegen Meyn, Hoffmann gegen Scheller, Riemann gegen Dölz, Nestmann gegen Weigel, Dr. Göring gegen Dr. Kaiser, Großer gegen Dürichen, während die Partie Dr. Goertz — Helling unentschieden wurde.

Partie Nr. 15.
Bremer Partie.

	Weiß:	Schwarz:
	O. Meyn	C. Reich
1.	c2—c4	e7—e5
2.	Sb1—c3	Sb8—c6
3.	e2—e3	Sg8—f6
4.	a2—a3	d7—d5
5.	c4—d5:	Sf6—d5:
6.	Lf1—c4	Lc8—e6
7.	Dd1—f3	....

Eine Lieblingseröffnung des Anziehenden. Sc3: 8. Le6:, fe 9. bc würde ihm ein sehr starkes Zentrum geben.

7. .... Sd5—f6

8. Lc4—e6: f7—e6:
9. Sg1—e2 Dd8—d3

Das hindert die weiße Entwicklung.

10. 0—0 Lf8—d6
11. Df3—h3 Ke8—f7
12. f2—f4 Th8—f8
13. g2—g4 ....

Weiß geht zu stürmisch vor. Die schlechtere Bauernstellung von Schwarz wird durch die bessere Entwicklung und die starke Stellung der Dame auf d3 völlig ausgeglichen.

13. .... h7—h6!

Sehr hübsch gespielt.

14. g4—g5 ....

Danach erhält nicht Weiß, sondern Schwarz einen sehr starken Angriff.

14. .... h6—g5:
15. f4—g5: Tf8—h8
16. Dh3—g2 Ta8—g8
17. e3—e4? ....

Um Tf3 zu spielen. Besser gf, worauf gf 18. Sg3, Th4 mit der Drohung e4 nebst Sc6—e5—f3 folgen könnte. Ta1 und Lc1 spielen nicht mit.

17. .... Ld6—c5†
18. Kg1—h1 Th8—h3
19. Se2—g1 ....

Oder 19. Sg3, Tg3:.

19. .... Lc5—g1:
20. Kh1—g1: Sc6—d4
21. Kg1—h1 Tg8—h8
22. Tf1—f2 Sd4—f3
23. g5—f6: Th3—h2‡

Aufgegeben. Sonst hätte Schwarz in zwei Zügen mattgesetzt.

Partie Nr. 16.

Wiener Partie.

Weiß:	Schwarz:
Dr. Göring	Dr. Kaiser

1. e2—e4 e7—e5
2. Sb1—c3 Sg8—f6
3. f2—f4 d7—d5
4. f4—e5: Sf6—e4:
5. Sg1—f3 Lf8—b4
6. Lf1—e2 0—0
7. 0—0 Lc8—g4
8. Dd1—e1 c7—c5

Besser Sb8—c6.

9. d2—d3 Se4—c3:
10. b2—c3: Lb4—a5
11. Ta1—b1 Dd8—d7
12. Lc1—d2 La5—b6
13. De1—h4 ....

Droht 13. Sg5, h6 (nicht Lf5 wegen 14. Le2—g4!) 14. Lg4:, hg 15. Lg5: mit überwältigender Stellung.

13. .... Lg4—f3:
14. Tf1—f3:! Dd7—e6
15. Tf3—h3 h7—h6
16. Dh4—g3 Kg8—h8
17. Tb1—f1 f7—f5

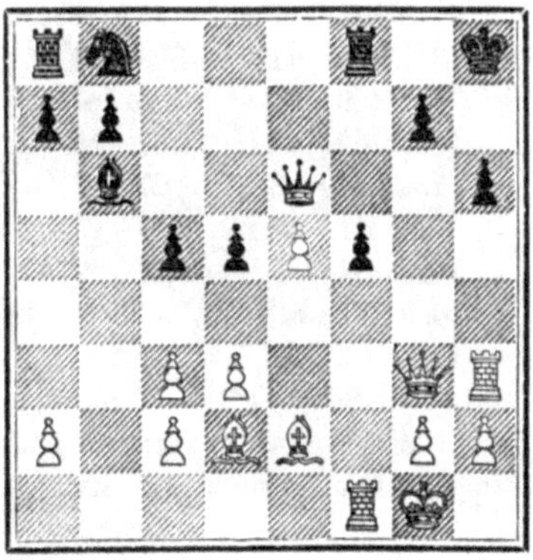

18. Le2—g4! Sb8—c6
19. Tf1—f5:! De6—g6

Auf Tf5: folgt 20. Lf5:, De5: 21. Dg6 oder 20. .... Df5 21. Lh6:, gh 22. Th6+, Dh7 23. Dg6: und die Dame gewinnt in Verbindung mit den Freibauern leicht.

21. Dg3—f4 Kh8—g8
22. Th3—f3 Tf8—f5:
23. Lg4—f5: Dg6—e8
24. Tf3—g3! Kg8—h8

Nicht De5: wegen 25. Dh6:!, Dg3: 26. Dh7† und gewinnt.

25. Tg3—g7:! Kh8—g7:

Hier kündigte Weiß Matt in drei Zügen an.

Für diese Partie erhielt Dr. Göring den Schönheitspreis.

Zweite Runde, gespielt am 30. März.

Weigel gewann gegen Dr. Goertz, der ein gutstehendes Endspiel wegwarf, Fässer gegen Dürichen, Dölz gegen Weißenstein, Scheller gegen Meyn, Vetter eine hübsche Partie gegen Großer, Nestmann gegen Reich, Burghold gegen Dr. Göring, der als aussichtsreichster Bewerber gilt. Die Partie Riemann—Hoffmann und Helling—Dr. Kaiser endeten unentschieden. Stand: Burghold, Nestmann, Vetter 2, Hoffmann, Riemann $1^1/_2$, Dölz, Fässer, Dr. Göring, Großer, Helling, Reich, Scheller, Weigel 1.

Partie Nr. 17.
Spanische Partie.

Weiß:	Schwarz:
W. Großer	H. Vetter

1. e2—e4 e7—e5
2. Sg1—f3 Sb8—c6
3. Lf1—b5 a7—a6
4. Lb5—a4 Sg8—f6
5. 0—0 Sf6—e4:
6. d2—d4 b7—b5
7. La4—b3 d7—d5
8. d4—e5: Lc8—e6
9. c2—c3 Lf8—e7
10. Tf1—e1 0—0
11. Sb1—d2 ....

Mit 11. Sd4, Se5: 12. f3, Ld6 konnte die Breslauer Variante entstehen, deren Wert noch umstritten ist.

11. .... Se4—c5
12. Lb3—c2 d5—d4!

Dieser gute, von Malkin empfohlene Zug begegnet der drohenden Einschnürung durch Sd4 nebst f2—f4.

13. c3—d4: ....

Weiß kann den Lc2 nicht mit Erfolg nach e4 bringen: 13. Se4, dc 14. Sc5, Lc5: 15. Le4, Dd1: 16. Td1:, Tad8 mit gutem Spiel.

13. .... Sc6—d4:
14. Sf3—d4: Dd8—d4:
15. Dd1—h5 ....

In der Partie Lasker—Tarrasch (Petersburg 1914) geschah Sb3; Schwarz blieb aber nach Sb3: 16. ab, Dd1: in Vorteil.

15. .... g7—g6

Das ist besser als Sd3, worauf 16. Ld3:, Dd3: 17. Se4 einen starken Angriff ergibt. Weiß hätte aber nun besser 16. Dh6, Dh4 17. Dh4:, Lh4: 18. Sf3 gespielt.

16.	Dh5—e2?	Ta8—d8
17.	Sd2—f3	Dd4—g4
18.	h2—h3	Dg4—h5
19.	Sf3—h2	Dh5—e2:
20.	Te1—e2:	Le6—c4
21.	Te2—e1	Lc4—d3
22.	Lc2—d1	Sc5—e6

Die weißen Figuren haben sich auf die Grundlinie zurückgezogen, die schwarzen beherrschen das Brett. Der folgende Versuch, den Springer besser zu stellen, führt zu sofortigem Verlust.

23.	Sh2—g4	h7—h5
24.	Sg4—f6†	Kg8—g7
25.	g2—g4	h5—g4:

Er verzichtet im Interesse des Angriffs auf den Bauerngewinn durch Lf6:. Die Stellung muß mehr einbringen.

26.	Sf6—g4:	Tf8—h8
27.	Kg1—g2	Le7—g5

Der Springer soll nach f4.

28.	Ld1—b3	Lg5—c1:
29.	Ta1—c1:	Se6—f4†
30.	Kg2—g3	....

Hier kündigte Schwarz Matt in drei Zügen an. Der Dresdner Problemmeister hat die Partie sehr stark geführt.

Partie Nr. 18.
Französische Verteidigung.

Weiß:	Schwarz:
K. Burghold	Dr. H. Göring

1.	e2—e4	c7—c5
2.	f2—f4	....

Der Führer der Weißen wendet diesen Zug, der in eine wenig günstige Variante der Französischen Partie führt, gern an.

2.	....	Sb8—c6
3.	Sg1—f3	e7—e6
4.	c2—c3	d7—d5
5.	e4—e5	Sg8—h6

Db6 6. d4, Ld7, um Ld3 zu hindern, wäre besser. Vgl. Partie Nr. 20.

6.	d2—d4	Dd8—b6
7.	Lf1—d3!	....

Nun gelangt der Läufer auf die günstige Diagonale b1—h7, denn cd 8. ed, Sd4: scheitert an 9. Sd4:, Dd4: 10. Lb5†. Stünde der Läufer auf d7, müßte sich Weiß mit dem viel bescheideneren Le2 begnügen.

7.	....	Lc8—d7
8.	Ld3—c2	Ta8—c8
9.	0—0	c5—d4:

Den Tausch hätte er unterlassen sollen.

10. c3—d4: Lf8—e7
11. Sb1—c3 0—0

Da der Läufer auf c2 steht, kann der Sh6 nicht nach f5. Man sieht, wie wesentlich es war, den Läufer nicht auf die wichtige Diagonale zu lassen. Weiß steht gut und geht zum Königsangriff über.

12. f4—f5 Sh6—g4

Weiß drohte mit Lh6: den schwarzen Königsflügel zu ruinieren. Schwarz droht Se5:.

13. Kg1—h1 Sc6—b4

Um den unangenehmen Lc2 zu beseitigen und evtl. d5 zu decken.

14. h2—h3 e6—f5:

Guter Rat ist teuer. Der Offizier ist nur zu retten, wenn Schwarz mit Sh6 die Zertrümmerung seines Königsflügels zuläßt. Schwarz opfert deshalb den Springer für zwei Bauern in der Hoffnung auf Angriff.

15. h3—g4: f5—g4:
16. Sf3—e1 Tc8—c6
17. Kh1—g1 ....

Gegen Th6† 18. Lh6:, Dh6‡ 19. Kg1, g3 20. Sf3, De3† mit ewigem Schach.

17. .... Le7—h4
18. Lc2—a4 Tc6—c4
19. Lc1—e3

19. Ld7, Td4: wäre zu gefährlich.

19. .... Ld7—a4:
20. Sc3—a4: Db6—g6
21. Sa4—c3 Lh4—e1:
22. Dd1—e1: Sb4—c2
23. De1—e2 Sc2—a1:
24. Tf1—a1: Dg6—e6

Der schwarze Angriff hat sich mit dem Rückgewinn der Qualität erschöpft. Materiell sind die Spiele etwa ausgeglichen, denn Schwarz hat Turm + 2 Bauern für Läufer + Springer. Aber während das weiße Spiel völlig gesichert ist, hat Schwarz Schwächen auf d5 und g4. Im Bestreben, g4 zu halten, schwächt er sich weiter.

25. Ta1—f1 a7—a6
26. Tf1—f4 h7—h5

Er sollte den Bg4 freiwillig geben.

27. De2—d3 b7—b5
28. Tf4—f5 b5—b4
29. Sc3—e2 g7—g6
30. Tf5—f6 De6—c8
31. Lc1—h6 Kg8—h7

Auf Turmzüge entscheidet Tg6‡.

32. Lh6—f8: Dc8—f8:
33. e5—e6 Aufgegeben.

Der Führer der Weißen, ein Schweizer, der längere Zeit Mitglied der Augustea war, hat diese Partie sehr gut gespielt.

Dritte Runde, gespielt am 31. März.

Die drei Führenden blieben auch weiterhin an der Spitze, trotzdem jeder nur einen halben Punkt erzielte — Nestmann gegen Riemann und Burghold—Vetter gegeneinander —, weil auch ihre Konkurrenten Riemann und Hoffmann, dieser gegen Helling, nicht mehr erzielten.

Auch die Partien Großer—Reich und Dr. Goertz—Dr. Göring blieben unentschieden. Glückliche Sieger waren Fässer gegen Scheller, Weißenstein gegen Meyn und Weigel gegen Dölz, die sich damit der Spitze beträchtlich näherten. Die Partie Dr. Kaiser—Dürichen wurde abgebrochen und später nicht weiter gespielt, weil Schwarz zurücktrat. Stand: Burghold, Nestmann, Vetter $2^1/_2$, Fässer, Hoffmann, Riemann, Weigel 2, Helling, Dr. Göring, Großer, Reich $1^1/_2$.

Partie Nr. 19.

Weiß:	Schwarz:
H. Vetter	K. Burghold

Nach dem 41. Zuge war die folgende Stellung erreicht:

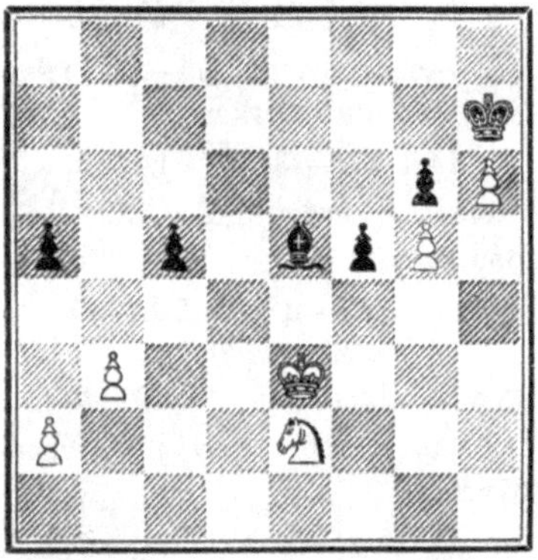

Es ergab sich nun das folgende aufregende Schlußspiel:

42.	Se2—f4	Le5—d4†
43.	Ke3—d3	Ld4—b2
44.	Sf4—e6	Lb2—c1

La3? 45. Kc4 usw.

45.	Kd3—c4	f5—f4
46.	Se6—c5:	f4—f3
47.	Sc5—e4	Lc1—e3
48.	Kc4—d3	Le3—f4
49.	a2—a3	Lf4—c1
50.	b3—b4	a5—a4!
51.	b4—b5	Lc1—a3:
52.	b5—b6	La3—d6!

Sonst gewinnt b6—b7—b8D.

53.	Se4—d6:	a4—a3
54.	b6—b7	f3—f2
55.	Kd3—e2	f2—f1D†
56.	Ke2—f1:	a3—a2
57.	b7—b8D	a2—a1D†
58.	Kf1—e2	Da1—f1†
59.	Ke2—f1:	Patt.

Der weiße König kann dieser aufdringlichen Dame nicht entgehen.

Vierte Runde, gespielt am 31. März.

Die Eigenart des für die Austragung des Turniers gewählten Systems — es müssen jedesmal Gleich- oder fast Gleichstehende miteinander spielen — bringt es mit sich, daß stets die Führenden miteinander kämpfen. Das erhöht natürlich die Spannung ungemein. In dieser Runde erregten die Partien Nestmann—Vetter und Burghold—Riemann das größte Interesse. Sieger blieben Vetter, der damit die Führung mit $3^1/_2$ von 4 Punkten übernahm, und Riemann, der an die zweite Stelle aufrückte. Ferner gewannen Helling gegen Weigel, Reich gegen Dölz, Großer, der bereits auf Verlust stand, mit Hilfe seines Gegners gegen Dr. Göring, Meyn gegen Dürichen, Weißenstein gegen Scheller und Dr. Goertz gegen Dr. Kaiser. Unentschieden blieb die Partie Hoffmann—Fässer. Stand: Vetter $3^1/_2$, Riemann 3, Burghold, Fässer, Großer, Helling, Hoffmann, Nestmann, Reich $2^1/_2$, Dr. Goertz, Weigel, Weißenstein 2, Dr. Göring $1^1/_2$.

Partie Nr. 20.
Französische Verteidigung.

Weiß:	Schwarz:
K. Burghold	H. Riemann

1. e2—e4 c7—c5
2. f2—f4 ....

Ungünstig, denn nach

2. .... e7—e6
3. Sg1—f3 Sb8—c6
4. c2—c3 d7—d5

muß Weiß entweder tauschen, dann steht Bf4 schlecht, oder früher oder später vorgehen, dann gelangt er zu einer schwachen Variante der Französischen Partie. Vgl. Partie Nr. 18.

5. e4—e5 Lc8—d7!
6. d2—d4 c5—d4:

Noch stärker ist Db6 7. Le2, f6.

7. c3—d4: Dd8—b6
8. Sb1—c3 Lf8—e7

Weiß muß, will er sich ruhig weiter entwickeln, einen Bauern opfern.

9. Lf1—e2 Sg8—h6
10. 0—0 ....

Oder Sa4, Da5† 11. Ld2, Lb4 nebst Sf5.

10. .... Sc6—d4:!
11. Sf3—d4: Sh6—f5
12. Kg1—h1 Db6—d4:
13. Lc1—d2 a7—a6

h7—h5 drohend h5—h4 nebst Sg3† war viel stärker.

14. Tf1—f3! h7—h5

Nun schließt dieser Zug ein Bauernopfer ein.

15. Tf3—d3 Dd4—a7
16. Le2—h5: g7—g6
17. Lh5—g4 d5—d4

Kühn, aber von fraglichem Werte.

18. Lg4—f5: g6—f5:
19. Sc3—e2 Ld7—b5
20. Td3—g3 d4—d3
21. Se2—c3 Da7—f2
22. Tg3—f3 ....

Warum nicht De1?.

22. .... Df2—c5
23. Ta1—c1 ....

Weiß sollte den gefährlichen Lb5 tauschen. Er glaubte aber wohl, er habe dazu noch Zeit.

23. .... Lb5—c6!
24. Tf3—d3: Dc5—f2
25. Dd1—g1 ....

Df1, Dh4 26. h3, Lc5 drohend Dh3†.

25.	....	Df2—h4
26.	Ld2—e1	....

Le3 sieht natürlicher aus.

26.	....	Dh4—f4:
27.	Le1—g3	Df4—g5
28.	Sc3—e2	Ta8—d8
29.	Td3—d8‡	Le7—d8:
30.	Dg1—e1	Ld8—b6
31.	Se2—f4	Lb6—a5
32.	De1—f2	La5—b6
33.	Df2—e1	Lb6—a5

Zugwiederholung in Zeitnot. Weiß will dem Remis entgehen, überschätzt aber seine Stellung.

34.	b2—b4	La5—b4:
35.	De1—f2	Lb4—a5
36.	Tc1—b1	Dg5—d8
37.	Df2—e2	Dd8—g5
38.	De2—f2	La5—d2!
39.	Tb1—d1	Ld2—f4:
40.	Lg3—f4:	....

Auf Df4: kann Th2: 41. Kh2:, Dh5† folgen. Schwarz hätte dann auf jedem Flügel einen Bauern mehr.

40.	....	Lc6—g2‡
41.	Kh1—g1	Dg5—g4
42.	Td1—e1	Lg2—c6†
43.	Kg1—f1	....

Lg3, Tg8 (droht f4) 44. Kf1, Lb5† nebst f4. Aber Dg3 war zu versuchen.

43.	....	Th8—h3
44.	Lf4—g3	f5—f4

Aufgegeben, denn der Läufer geht verloren.

Partie Nr. 21.

Sizilianische Verteidigung.

	Weiß:	Schwarz:
	Dr. S. Kaiser	Dr. O. Goertz
1.	e2—e4	c7—c5
2.	Sg1—f3	Sb8—c6
3.	d2—d4	c5—d4:
4.	Sf3—d4:	Sc6—d4:

Besser e6 oder Sf6. Da Weiß nicht gut auf c6 tauschen kann, weil Schwarz sonst nach b7—c6: eine starke Bauernmitte erhält, läßt dieser vorteilhaft die Spannung bestehen.

5.	Dd1—d4:	e7—e6
6.	Sb1—c3	Sg8—e7
7.	Lf1—e2	Se7—c6
8.	Dd4—d1	a7—a6
9.	a2—a3	Lf8—e7
10.	0—0	0—0
11.	Lc1—e3	b7—b5
12.	f2—f4	Lc8—b7
13.	Le2—f3	Ta8—c8
14.	Dd1—d2	Dd8—c7
15.	Ta1—d1	d7—d6
16.	Dd2—f2	Le7—d8

Um Sa5 zu ermöglichen, was jetzt an Lb6 scheitert.

17.	Td1—d2	Sc6—a5
18.	Lf3—e2	Sa5—c4

Weiß kann zwar den Springer schlagen und damit seinen bedrohten Damenflügel retten, er muß jedoch dem Gegner das Läuferpaar überlassen, das zu furchtbarer Wirkung gelangt.

19.	Le2—c4:	b5—c4:
20.	Tf1—d1	Lf8—e7

21. Le3—b6 Dc7—c6
22. Lb6—a5 ....

Er spielt auf die Eroberung des Bd6.

22. .... f7—f5!
23. La5—b4 f5—e4:
24. Lb4—d6: Le7—d8!

Damit gelangt auch dieser Läufer in eine beherrschende Stellung.

25. Df2—g3 Ld8—b6†
26. Kg1—h1 e4—e3
27. Ld6—e5 Tf8—f7

Anscheinend dringt Weiß nun entscheidend mit seinem Turm ein.

28. Td1—d6 Dc6—c5
29. Sc3—a4 ....

(S. Stellungsbild.)

Stellung nach dem 29. Zuge von Weiß.

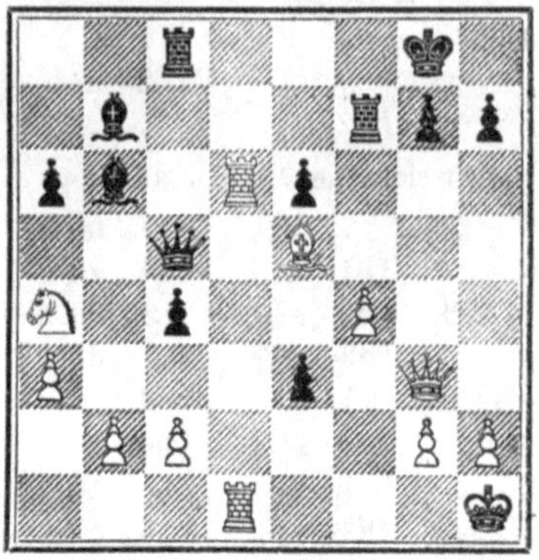

29. .... Dc5—e5:!!

Diesen schönen Ausweg hatte sich Schwarz vorbehalten.

30. f4—e5: ....

Auf 30. Sb6: folgt Df4: (droht Df1†) 31. Df4:, Tf4: mit siegreichem Angriff.

30. .... e3—e2
31. h2—h4 ....

Nach 31. De1, ed† 32. Td1: 33. La7 ist Weiß offenbar sehr gefährdet.

31. .... Tf8—f1†
32. Kh1—h2 Lb6—g1†
33. Kh2—h3 Tf1—d1:
34. Sa4—c3 e2—e1D
35. Td6—d1: De1—g3‡
36. Kh3—g3: Lg1—c5
37. Td1—d7 Lb7—c6

Aufgegeben. Schwarz hat die Partie sehr hübsch gespielt.

Fünfte Runde, gespielt am 1. April.

Dürichen ist zurückgetreten. Da für die Durchführung des Turniers eine gerade Zahl von Teilnehmern erforderlich ist, tritt Dr. Kaiser freiwillig aus. Vetter mußte die Führung an Riemann abtreten, der durch eine problemartige Wendung gewann. Weißenstein gewann gegen Weigel, Burghold überrannte Nestmann, Helling gewann gegen Großer, Dr. Göring gegen Hoffmann, Dr. Goertz gegen Scheller und Meyn gegen Dölz. Unentschieden blieb die Partie Reich — Fässer.

Stand: Riemann 4, Burghold, Helling, Vetter 3½, Fässer, Dr. Goertz, Reich, Weißenstein 3, Dr. Göring, Großer, Hoffmann, Nestmann 2½.

Partie Nr. 22.

Damengambit.

	Weiß:	Schwarz:
	H. Riemann	H. Vetter
1.	c2—c4	c7—c5
2.	Sb1—c3	e7—e6
3.	e2—e3	Sg8—f6
4.	Sg1—f3	d7—d5
5.	d2—d4	c5—d4:

Nun ist ein regelrechtes Damengambit entstanden.

6.	e3—d4:	Sb8—c6
7.	Lf1—d3	Lf8—e7
8.	0—0	0—0
9.	a2—a3	....

Um Sb4 zu verhindern. Näher lag aber Lf4.

9.	....	a7—a6
10.	Sf3—e5	Dd8—c7

Sd4: kam sehr in Betracht, z. B. 11. Lh7†, Kh7: 12. Dd4:, dc nebst b5 und Lb7

11.	Se5—c6:	....

f4?, Sd4:!

11.	....	Dc7—c6:

Besser ist wohl b7—c6: nebst a6—a5, denn dann ist der weiße Damenflügel etwas schwach.

12.	Dd1—f3	Dc6—b6

Nach dc 13. Dc6, bc 14. Lc4: ist c6 etwas schwächer als d4, dafür bliebe aber b2 rückständig.

13.	c4—d5:	Db6—d4:
14.	Tf1—d1	Dd4—h4
15.	g2—g3!	....

Sehr gut! Dh3 verbietet sich nun wegen Lf1 nebst d6.

15.	....	Dh4—g4
16.	Df3—g4:	Sf6—g4:
17.	Ld3—e2	e6—d5:
18.	Sc3—d5:	Le7—c5

Notwendig war Ld8; die folgende studienartige Wendung konnte aber leicht übersehen werden.

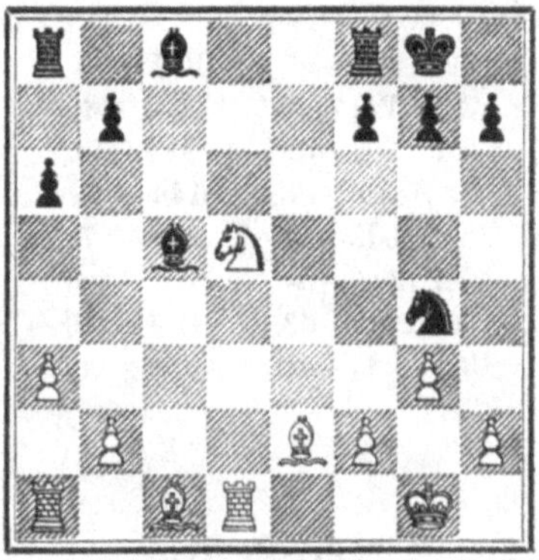

19.	b2—b4!!	Lc5—f2 ‡

Schwarz hat keine Wahl. Auf Ld6 folgt 20. Sb6, Tb8 21. Sc8: nebst Lg4:, auf Lb6 21. Se7† nebst Sc8: usw.

20.	Kg1—g2	Lc8—e6

Der Lf2 hängt am Sg4 und dieser am Le6, kein Wunder, daß ein Unglück passiert.

21.	Sd5—c7	Sg4—e3†

22.	Lc1—e3:	Lf2—e3:
23.	Sc7—a8:	Tf8—a8:

Schwarz hätte nun für die verlorene Qualität in seinem Läuferpaar und dem Mehrbauern leidlich Ersatz, wenn nicht durch den folgenden Zug sein ganzer Damenflügel verloren ginge.

24.	Le2—f3!	Ta8—c8!

Auf Tb8 folgt ebenfalls 25. Lb7:.

25.	Lf3—b7:	Tc8—c2†
26.	Kg2—f3	Le3—b6
27.	Lb7—a6:	Tc2—f2†
28.	Kf3—e4	f7—f5†

Er möchte den Gegner in ein Mattnetz zwingen.

29.	Ke4—e5	Kg8—f7
30.	Ta1—c1	Tf2—f3
31.	Td1—d3	Tf3—d3:
32.	La6—d3:	Lb6—d8
33.	Ld3—c4	Ld8—c7†
34.	Ke5—d4	Lc7—b6†
35.	Kd4—d3	Le6—c4‡
36.	Kd3—c4:	Aufgegeben.

Partie Nr. 23.

Russisches Springerspiel.

	Weiß:	Schwarz:
	Hoffmann	Dr. Göring
1.	e2—e4	e7—e5
2.	Sg1—f3	Sg8—f6
3.	Sf3—e5:	d7—d6
4.	Se5—f3	Sf6—e4:
5.	Dd1—e2	....

Diese von Lasker empfohlene Fortsetzung gibt dem Weißen einen zwar geringen, aber sicheren Stellungsvorteil.

5.	....	Dd8—e7
6.	d2—d3	Se4—f6
7.	Lc1—g5	....

Droht Lf6: mit Vereinzelung der Bauern.

7.	....	Lc8—e6

De2‡ gibt dem Weißen einen erheblichen Entwicklungsvorsprung.

8.	Sb1—c3	Sb8—c6
9.	d3—d4	d6—d5
10.	Lg5—f6:	g7—f6:

Natürlich nicht Df6: wegen 11. Sd5:. Die Vereinzelung der Bauern wird in dieser Stellung reichlich aufgewogen durch den Besitz des Läuferpaares. Weiß hätte deshalb den Tausch unterlassen sollen.

11.	0—0—0	0—0—0
12.	De2—b5	Td8—d6
13.	Db5—a4	a7—a6

Mit seinen letzten beiden Zügen lädt Schwarz zum Opfer auf a6 ein. Der Gegner tut ihm auch den Gefallen.

14.	Lf1—a6:	b7—a6:
15.	Da4—a6‡	Kc8—d8
16.	Sc3—b5	Sc6—b8!

Diesen hübschen Zug, der den Angriff völlig zurückschlägt, hat Weiß übersehen.

17.	Da6—a4	Td6—a6
18.	Da4—b3	Sb8—c6
19.	a2—a3	Sc6—a5

Der Springer strebt nach c4. Nicht Weiß, sondern der Gegner hat den Angriff erhalten.

20. Db3—a4 c7—c6!

Um Sc3 mit Db7 nebst Sc4 zu beantworten. Weiß ist verloren.

21. c2—c4? d5—c4:

Anscheinend hat Weiß übersehen, daß nun d4—d5 an Sb3† scheitert, doch war die Partie sowieso verloren. Aufgegeben.

Partie Nr. 24.

Italienische Partie.

Weiß: Schwarz:

K. Burghold Nestmann

1. e2—e4 e7—e5
2. Sg1—f3 Sb8—c6
3. Lf1—c4 Lf8—c5
4. 0—0 Sg8—f6
5. d2—d4 e5—d4:

Bei Sd4: 6. Se5: steht Weiß besser. Zu sehr interessanten Varianten führt Ld4:, z. B. 6. Sd4:, Sd4: 7. f4, d6 8. fe, de 9. Lg5, De7 10. Sc3!, Dc5 11. Lf7†, Kf7 12. Dh5†! (Holzhausen—Laue, Ströbeck 1923.) Der Textzug sollte zum Max-Lange-Angriff führen.

6. e4—e5 Sf6—g4

Üblicher ist d7—d5 7. ef, dc (Max-Lange-Angriff).

7. c2—c3 ....

Auf 7. h3 folgt nach Steinitz Sge5: 8. Se5:, Se5: 9. Te1, d6 10. f4, d3† 11. Le3, Sc4: 12. Lc5†, Le6 13. f5, 0—0 14. fe, dc 15. e7, Dd4† 16. Kh1, Te8 zum Vorteil für Schwarz, 7. Lf7† ist ebenfalls nicht gut: Kf7: 8. Sg5†, Ke8 9. Dg4!, Se5: 10. De4, De7 11. Sf3, Sf3† 12. Df3:, Tf8 13. Dh5†, g6 14. Dd5, c6 15. Dc4, d5 16. Db3, De2 17. Lh6, Tf2: 18. Tf2:, De1† (v. Mezynski—K. Richter, D. Schachzeitung 1918, S. 157). Der Bilguer empfiehlt 8. Lc1—f4, doch empfiehlt v. Bardeleben im D. Wochenschach 1918, S. 212 dagegen 0—0 8. h3, Sh6 mit befriedigendem Spiele.

7. .... d7—d5

Bei Annahme des Opfers hätte Schwarz eine mühsame Verteidigung: 8. Lf7†, Kf7: 9. Dd5†, Kf8 10. Dc5† usw.

8. e5—d6: Lc5—d6:

Schwarz sollte mit 0—0 den gewonnenen Bauern zurückgeben und hätte dann ein gutes Spiel. Jetzt erhält Weiß einen starken Angriff, den er energisch bis zum Siege führt.

9. Tf1—e1† Sc6—e7
10. h2—h3 Sg4—f6
11. Lc1—g5 Sf6—d7
12. Sf3—d4: Sd7—b6

Auf 0—0 folgt 13. Sf5, Te8 (Se5 14. Te5: 15. Dd8: usw.) 14. Sd6:, cd 15. Dd6:.

13. Lc4—b5† Ke8—f8

c6 scheitert an 14. Sc6:, Ld7 an 14. De2, Sd5 (Sc8) 15. Sf5.

14. Sb1—d2 f7—f6
15. Dd1—f3 Kf8—f7
16. Sd2—e4 Se7—g6

Übersieht das folgende Opfer. Zu halten war die Partie allerdings sowieso nicht mehr.

17.	Lg5—f6:!	g7—f6:
18.	Se4—g5†	Kf7—g8

Sonst gewinnt Se6† die Dame.

19.	Te1—e8†	Dd8—e8:
20.	Lb5—e8:	Aufgegeben.

Partie Nr. 25.

Sizilianische Verteidigung.

Weiß:	Schwarz:
Dölz	O. Meyn

1.	e2—e4	c7—c5
2.	Sg1—f3	Sb8—c6
3.	d2—d4	c5—d4:
4.	Sf3—d4:	e7—e6
5.	Sd4—b5	....

Bereits von Szen gegen Anderssen im Londoner Turnier 1851 gespielt. Der Zug gilt nicht mehr für stark; man glaubt jetzt, daß Weiß mit Sf6 6. Sc3, Lb4 7. Sd6†, Ke7 8. Lf4, e5 oder Da5 das bessere Spiel erlangt.

5.	....	d7—d5

a6 oder d6 waren früher gebräulich. Der Textzug ist ein Fehler.

6.	e4—d5:	e6—d5:
7.	Lc1—f4	Lf8—b4†

Schwarz muß ein Springerschach entweder auf d6 oder c7 zulassen.

8.	c2—c3	Lb4—a5
9.	Sb5—d6†	Ke8—f8
10.	Dd1—d5:	Lc8—e6
11.	Dd5—f3	Sg8—f6!

Schwarz erkennt, daß seine Hoffnung nur in schnellster Entwicklung und Angriff liegen kann.

12.	Sd6—b7:	Dd8—e8
13.	Sb7—a5:	Ta8—d8!

Das erste Späßchen: auf 14. Dc6: folgt Ld7†, auf 14. Sc6:, Lg4† 15. De3, Td1‡ oder Damengewinn.

14.	Sb1—d2	Sc6—a5:
15.	Lf4—e3	Le6—g4
16.	Df3—g3?	....

Richtig war Df4.

16.	....	Td8—d2:!

Weiß darf den dreisten Turm wegen Damenverlust nicht nehmen.

17.	h2—h3	Lg4—h5
18.	Dg3—c7	Td2—d5
19.	b2—b4	Sa5—c6
20.	g2—g4	....

Entwicklung durch Le2 nebst 0—0 war geboten.

20.	....	Lf5—g6
21.	Lf1—c4	Td5—d7!
22.	Dc7—h2	....

Natürlich nicht 22. Dc6:, Td1†. Aber Df4 wäre wieder besser.

22.	....	Sc6—e5
23.	Lc4—e2	Lg6—d3!

Verhindert die 0—0.

24.	Ta1—d1	Sf6—e4
25.	Le3—d4	....

Tc1 war nötig. Jetzt ist es sofort aus.

25.	....	Se5—f3†!
26.	Le2—f3:	Se4—g5†

Aufgegeben, denn Weiß kann Damenverlust durch Sf3† nicht vermeiden. Eine lustige Partie!

Sechste Runde, gespielt am 2. April.

Vor dieser Runde traten Dölz und, um wieder zu einer geraden Zahl von Teilnehmern zu gelangen, Meyn zurück. Riemann behielt durch seinen Sieg über Helling die Führung. Dr. Goertz gewann gegen Burghold, Dr. Göring gegen Weigel, Nestmann gegen Scheller und Fässer gegen Großer, während die Partien Vetter—Reich und Weißenstein—Hoffmann unentschieden blieben. Stand: Riemann 5, Dr. Goertz, Fässer, Vetter 4, Burghold, Helling, Dr. Göring, Nestmann, Reich, Weißenstein $3^1/_2$, Hoffmann 3.

Partie Nr. 26.

Sizilianische Verteidigung.

	Weiß: Helling	Schwarz: H. Riemann
1.	e2—e4	c7—c5
2.	d2—d4	c5—d4:
3.	Sg1—f3	Sb8—c6

Nach e7—e5 behielte Schwarz zwar einen Bauern mehr, da Se5: an Da5† scheitert, Weiß erhielt aber durch baldiges c2—c3 einen starken Angriff.

4.	Sf3—d4:	e7—e6
5.	Sb1—c3	Sg8—f6
6.	Lc1—f4	Lf8—b4
7.	Sd4—b5	Dd8—a5

Der Bilguer empfiehlt Se4: mit der Folge 8. Sc7†, Kf8 9. Sa8:, Df6 10. Df3, Sc3: 11. Ld2, Sd4 12. Dd3, De5† 13. Le3, Sa4† 14. c3, Sb2: nach einer Partie Reggio—Tarrasch.

8.	Sb5—c7†	Ke8—e7
9.	Sc7—a8:	Sf6—e4:
10.	Lf1—c2	Da5—f5!
11.	Lf4—e3	Se4—c3:
12.	b2—c3:	Lb4—c3‡
13.	Le3—d2	Lc3—a1:
14.	Dd1—a1:	Df5—e5

Schwarz bietet den Damentausch an, weil nach 15. De5:, Se5: 16. Sc7, a6 17. Sa8, b5 18. Sb6 der Springer immer noch sehr gefährdet ist und Schwarz schon zwei Bauern mehr hat.

15.	Ld2—c3	De5—g5
16.	0—0	b7—b6
17.	Sa8—c7	Lc8—b7
18.	Le2—f3	....

Weiß kann den Springer nicht retten, denn auf Sb5 folgt Sd4!.

18.	....	Th8—c8
19.	Sc7—e6:	f7—e6:
20.	Lc3—g7:	Tc8—g8
21.	Lg7—b2	....

Sehr interessante Varianten ergaben sich nach Sc6—d4. Ob das Opfer zum Gewinn ausreicht, ist fraglich, z. B. 22. Lb7: d5, 23. g3, Se2† 24. Kg2! (Kh1?, Dh5), Df5 25. De1, Sf4† 26. Kh1, Dh3 27. Ld5! (nicht 27. Tg1, Tg6 28. Df1, Dh2†), Tg6 28. gf, Th6 29. Db4†, und wenn Kf7, so 30. Le6‡.

21.	....	Sc6—a5
22.	Lf3—b7:	Sa5—b7:
23.	g2—g3	Sb7—c5

24.	Lb2—a3	d7—d6
25.	Da1—d4	Dg5—g4
26.	La3—c5:	b6—c5:
27.	Dd4—b2	Dg4—e4
28.	Tf1—b1	e6—e5

In größter Zeitnot findet Schwarz noch die beste Verteidigung. Td8 scheitert an 29. Dg7†, Ke8 30. Tb7, De1† 31. Kg2, De4† 32. Kh3, Df5† 33. Kh4.

29.	Db2—b7†	De4—b7:
30.	Tb1—b7‡	Ke7—e6
31.	Tb7—h7:	a7—a5
32.	Th7—b7	....

Besser war h2—h4—h5 usw. Weiß fürchtet den Verlust des c-Bauern durch Tg4, Tc4 und läßt sich in die Verteidigung drängen.

32.	....	Tg8—g4
33.	Kg1—f1	Tg4—c4
34.	Tb7—b2	a5—a4
35.	a2—a3	Tc4—c3
36.	Tb2—a2	d6—d5

Die letzten 8 Züge geschahen im Blitztempo. Jetzt ist die Zeitnot vorüber, Weiß hat einen Bauern mehr, Schwarz aber den Angriff.

37. Kf1—e2 e5—e4

38. h2—h4, Ke6—f5 39. Ke2—d2, Tc3—f3 40. Kd2—e2, Kf5—g4 41. Ta2—a1, d5—d4 42. Ta1—h1 (Tb1, Ta3 43. Tb5, Tc3 44. h5, Kf2: nebst e4—e3 und gewinnt). Kg4—h5 42. g3—g4†, Kh5—g4 43. h4—h5, Tf3—f7 44. h5—h6, Tf7—h7 45. Th1—g1†, Kg4—f4 46. Tg1—g6, c5—c4 47. Tg6—a6, d4—d3† 48. c2—d3:, c4—d3‡ 49. Ke2—d2, Th7—c7 50. Ta6—a4: (besser Tf6†), Kf4—f3 51. Ta4—d4 (Kd1, Th7 52. Ta6, Kf2: usw.), Tc7—c2† 52. Kd2—e1, Tc2—e2† 53. Ke1—d1, Te2—f2: 54. h6—h7, Tf2—h2 (Ke3 würde noch verlieren: 55. Te4†!, Ke4: 56. h8D) 55. Td2—d7, Kf3—e3 56. Kd1—c1, Ke3—e2 57. a3—a4, e4—e3 58. a4—a5, Th2—h7:! Aufgegeben. Eine trotz einiger in Zeitnot begangener Fehler in allen ihren Phasen hochinteressante Partie.

Partie Nr. 27.

Spanische Partie.

	Weiß:	Schwarz:
	A. Fässer	W. Großer.
1.	e2—e4	e7—e5
2.	Sg1—f3	Sb8—c6
3.	Lf1—b5	a7—a6
4.	Lb5—a4	Sg8—f6
5.	d2—d3	d7—d6

Bei der zurückhaltenden Behandlungsweise (d3!) des Weißen, die jetzt unmodern ist, kann Schwarz leicht ausgleichen, z. B. durch b5 6. Lb3, Le7 7. c3, d7—d5.

6. c2—c3 Lf8—e7

Auch g7—g6 nebst Lg7 ist gut.

7. Sb1—d2 Lc8—g4

Nicht gut. Weiß will einen Königsangriff, möglichst mit h3 und g4, einleiten, und der Läufer auf g4 gestattet, das mit Zeitgewinn zu tun.

8.	Sd2—f1	0—0
9.	Sf1—g3	Dd8—c8

d6—d5 kam in Betracht. Das

Springermanöver des Schwarzen ist zu umständlich.

10. 0–0 Sc6–d8
11. d3–d4 e5–d4:
12. c3–d4: Sd8–e6
13. Lc1–e3 d6–d5
14. h2–h3 Lg4–f3:
15. g2–f3: ....

Nach 15. Df3, de 16. Se4:, Se4: 17. de, De4: 18. Ld6 hat Weiß gar nichts.

15. .... Tf8–d8
16. e4–e5 Sf6–e8
17. f3–f4 ....

Weiß hat eine starke Angriffsstellung und steht weit überlegen.

17. .... g7–g6
18. f4–f5 Se6–g5
19. Le3–g5: ....

19. f6, Sh3† 20. Kg2, Sf6: 21. ef, Lf6: ist weniger gut für Weiß.

19. .... Le7–g5:
20. Dd1–g4 Lg5–h6

21. e5–e6! f7–e6:

So unbequem die Spannung im Zentrum ist, Schwarz mußte sie bestehen lassen und Sf6 ziehen. Weiß konnte dann sowohl mit Dh4 als auch mit De2 fortfahren.

22. f5–e6:! ....

Viel stärker als fg.

22. .... b7–b5

Auf Kh8 folgt 23. Ld7, Db8 24. e7.

23. Sg3–f5! Lh6–f8
24. e6–e7 Dc8–f5:
25. Dg4–f5: g6–f5:
26. e7–d8D: Ta8–d8:
27. La4–c2 ....

Der Gewinn ist nun nur noch eine Frage der Zeit.

27. .... Se8–d6
28. Tf1–e1 Sd6–e4
29. Kg1–g2 Lf8–d6
30. f2–f3 Se4–g3
31. Te1–e6 f5–f4

Es drohte Td6:.

32. Ta1–e1 Kg8–g7
33. Te6–e8 Td8–e8:
34. Te1–e8: Kg7–f7
35. Te8–a8 Sg3–e2
36. Lc2–h7: Se2–d4:
37. Ta8–a6: Sd4–e6
38. Ta6–a8 Se6–c5

Sonst gewinnt Weiß nach Abtausch des Springers leicht.

39. Lh7–g8† Kf7–f6
40. Lg8–d5: Sc5–d3
41. b2–b3 b5–b4
42. Ld5–e4 Sd3–e5
43. Le4–b7 Se5–d3
44. Lb7–c8 Sd3–e5
45. Lc8–g4 Se5–d3
46. Kg2–f1 Kf6–g5
47. Kf1–e2 Sd3–e5

48. Ta8—e8 Kg5—h4
49. Te8—g8 Ld6—c5
50. Ke2—f1 Kh4—g3
51. h3—h4! Se5—g4:

Zum Schluß noch eine hübsche Wendung. Der König darf nicht gut nehmen, weil er nach 52. Th8† wegen Schachmatt nicht nach g3 könnte, auf Kg5 aber 53. Th5†, Kf6 54. Tf5† folgen würde.

52. f3—g4: Kg3—h4:
53. Kf1—g2 Aufgegeben.

Siebente (letzte) Runde, gespielt am 3. April.

In der letzten Runde mußten wieder die vier Führenden miteinander kämpfen. Vetter erhielt sehr bald in einem Damenbauernspiel gegen Dr. Goertz einen scharfen Angriff und zwang den Gegner im 23. Zuge zum Aufgeben. Fässer, der bei einem Siege über Riemann mit diesem und Vetter gleichen Stand erreicht hätte, bedrängte seinen Gegner sehr und der Kampf schien sich zu seinen Gunsten zu neigen. Schließlich gelang es aber seinem findigen Gegner, mit einem Remis zu entschlüpfen und sich so die Sächsische Meisterschaft zu sichern. Weiter gewannen Weißenstein gegen Burghold, Dr. Göring gegen Nestmann, Helling gegen Reich, Großer gegen Hoffmann, während die Partie Weigel—Scheller unentschieden wurde. Schlußstand: Riemann $5^1/_2$, Vetter 5, Fässer, Dr. Göring, Helling, Weißenstein $4^1/_2$, Dr. Goertz 4, Burghold, Großer, Nestmann, Reich $3^1/_2$, Hoffmann 3, Weigel $2^1/_2$, Meyn 2, Scheller $1^1/_2$, Dölz, Dr. Kaiser $^1/_2$, Dürichen 0.

Partie Nr. 28.

Damenbauernspiel.

Weiß: H. Vetter — Schwarz: Dr. O. Goertz

1. d2—d4 d7—d5
2. Sg1—f3 f7—f5

Um die Stonewallaufstellung c6, d5, e6, f5 zu erreichen, die aber schwächlich ist, wenn der Gegner zur Entwicklung seines Lc1 nach f4 gelangt.

3. Lc1—f4 e7—e6
4. e2—e3 Lf8—d6
5. Sf3—e5 Sg8—f6
6. Sb1—d2 c7—c6
7. Lf1—e2 Dd8—b6

0—0 mußte geschehen. Jetzt kommt Weiß in Vorteil.

8. Se5—c4!! d5—c4:
9. Sd2—c4:! Ld6—b4†
10. c2—c3 Lb4—c3‡
11. b2—c3: Db6—d8

Schwarz hat gerade noch Materialverlust vermieden, doch ist seine Stellung sehr schlecht.

12. Sc4—d6† Ke8—e7
13. Dd1—b3 Dd8—d7
14. Ta1—b1 b7—b6

15. 0—0 g7—g5

Dieser gewaltsame Angriffsversuch führt zu schnellem Verlust.

16. Lf4—e5 Lc8—b7
17. Db3—a3! c6—c5
18. d4—c5: Sb8—c6
19. Le2—b5 Sf6—g4

Verzweiflung!

20. Le5—h8: Ta8—h8:
21. Tf1—d1 Ke7—f8
22. c5—b6: Dd7—e7
23. Lb5—c6: Aufgegeben.

III. Hauptturniere.

Partie Nr. 29.

In der Partie Fikentscher—C. Normann ergab sich die folgende Stellung:

41. .... Kf6—f7!

Auf f4—g3: folgt 42. Kg8, g2 43. h7, g1D 44. h8D†.

42. g3—f4: g5—g4!

Nach gf 43. Kh8, f3 44. h7 wäre Weiß patt.

43. f4—f5 g4—g3
44. f5—f6 g3—g2
45. Kh7—h8 g2—g1D
46. h6—h7 Kf7—f8!

Der einzige Zug! Weiß stand wieder patt und auf andere Königszüge ist der Gewinn schwer, wenn nicht unmöglich.

Aufgegeben.

Partie Nr. 30.
Spanische Partie.

	Weiß: C. Normann	Schwarz: Hermann
1.	e2—e4	e7—e5
2.	Sg1—f3	Sb8—c6
3.	Lf1—b5	d7—d6
4.	d2—d4	Lc8—d7
5.	Sb1—c3	e5—d4:
6.	Sf3—d4:	Sc6—e5
7.	0—0	c7—c6
8.	Lb5—d3	Dd8—f6
9.	Lc1—e3	Df6—g6
10.	f2—f4	Lc8—h3
11.	Dd1—d2	Se5—g4
12.	Ta1—e1	Sg4—e3:
13.	Te1—e3:	Lh3—d7
14.	e4—e5	Dg6—h6
15.	e5—d6†	Ke8—d8
16.	Sd4—f5	Ld7—f5:

17.	Ld3—f5:	g7—g6
18.	d6—d7	Lf8—c5
19.	Sc3—a4	Lc5—e3‡
20.	Dd2—e3:	Sg8—e7
21.	Tf1—e1	Se7—f5:
22.	De3—e8†	Kd8—c7
23.	De8—e5†	Sf5—d6
24.	Te1—d1	g6—g5
25.	f4—f5	Dh6—f8
26.	c2—c4	b7—b6
27.	c4—c5	b6—c5:
28.	Sa4—c5:	h7—h5
29.	Sc5—e4	f7—f6
30.	De5—a5†	Kc7—d7:
31.	Se4—c5†	Kd7—e7
32.	Td1—e1†?	Ke7—f7
33.	Da5—c7†	Kf7—g8
34.	Sc5—e6	Df8—f7
35.	Dc7—d6:	Ta8—c8
36.	Se6—d8	Df7—c7
37.	Te1—e8†	Kg8—h7
38.	Te8—e7†	Dc7—e7:
39.	Dd6—e7‡	Kh7—h6

nebst Matt in zwei Zügen. Diese wilde Partie erhielt den Schönheitspreis der Hauptturniere.

2.

Der Kongreß des Thüringer Schachbundes in Weimar 1923

A. Kongreßbericht.

Von H. Senz.

Der 31. Kongreß des Thüringischen Schachbundes in Weimar vom 7. bis 11. Juli nahm einen in jeder Hinsicht glänzenden Verlauf. In der Bundesversammlung vom 7. und 9. Juli wurde der Vorstand mit den Herren Presuhn (Kahla) als 1. und Senz (Weimar) als 2. Vorsitzenden und Schriftführer und Koch (Weimar) als Kassierer gewählt. Zum Vorort des 32. Kongresses 1924 wurde Eisenach bestimmt.

Die Turniere hatten folgendes Ergebnis:

1. Meisterturnier. Es gewannen Post und Schlage gegen Vordank. Die übrigen Partien wurden remis. Schlußstand: Post und Schlage je 2, Zander 1½, Vordank ½ Punkte.

2. Meisterschaftsturnier. Gruppe 1: Reinhardt (Jena) 4; Heinicke (Erfurt) 3; Dölz (Gera), Linzer (Saalfeld), Scheffler (Eisenach) und Voigt (Weimar) je 2 Punkte.

Gruppe 2: Klemm (Gera) 4; Pilz (Schmölln) 3½; Ehrentraut (Erfurt) 3; Sömmering (Weimar) und Dr. Walter (Jena) je 2; Borbe (Ruhla) 1½ Punkte.

Gruppe 3: Plöthner (Teichwitz) 4, Becker (Stützerbach) und Dr. Bögehold (Jena) je 3; Senz (Weimar) und v. Sievers (Jena) je 2; Hoch (Eisenach) 1 Punkt.

Der Stichkampf der drei Gruppensieger Klemm, Plöthner und Reinhardt untereinander ergab für Klemm und Plöthner 1½, für Reinhardt 0 Punkte. Zu einem weiteren Stichkampf zwischen Klemm und Plöthner kam es nicht, da Klemm aus Mangel an Zeit darauf verzichtete.

Herr Pfarrer Plöthner in Teichwitz bei Weida ist somit der Meister des Thüringischen Schachbundes von 1923.

3. Hauptturnier 1. Gruppe a: Schubärth (Apolda) 4; Hünefeld (Ohrdruf) und Stein (Ruhla) 3½; Meier (Weimar) und Schüßler (Ruhla) 3; Überhagen (Erfurt) 2½; Schäfer (Eisenach) 1½.

Gruppe b: Hage 5; Lichtblau (Erfurt) $2^1/_2$; Fleischhack (Weimar), Hoch (Eisenach), Dr. Pollatz (Leopoldshall) je 2; Schmeißer (Apolda) $1^1/_2$.

Gruppe c: Jörk (Gera) $4^1/_2$; Leicher (Ilmenau) $3^1/_2$; Otto (Ohrdruf) 3; Schiede und Schmidt (Erfurt) je 2; Bauer (Eisenach) 0 Punkte.

Der Stichkampf der drei Gruppensieger Hage, Jörk und Schubärth blieb unentschieden; es wurde sämtlichen drei Herren die Berechtigung zur Teilnahme am Meisterschaftsturnier 1924 zuerkannt.

4. Hauptturnier 2: Hähnlein (Ohrdruf) und Polz (Pößneck) je 6, Winter (Weimar) 4; Köhler (Zella-Mehlis) $3^1/_2$; Braun (Ohrdruf) 3; Steinberg (Weimar) $2^1/_2$; Klabitter (Weimar) 2 und Mette (Weimar) 1 Punkt.

5. Nebenturnier. Lappé (Arnstadt) 7; Ziegenhorn (Arnstadt) 6; Eberhardt (Kahla) und Weingärtner (Ohrdruf) je 5; Kohut (Weida) 4; Fromm (Ohrdruf) 3; Bock (Ruhla), Boge (Arnstadt) und Schroer (Apolda) je 2.

6. Damenturnier (doppelrundig): Frl. Grunert (Arnstadt) 10; Frau Pollatz (Leopoldshall) 7; Frl. Merkel (Arnstadt) 6; Frl. Beier (Weimar) 5; Frau Weingärtner (Ohrdruf) und Frau Zove (Weimar) 0 Punkte.

Außerdem fanden eine große Anzahl Tagesturniere statt.

Der von der Allg. Thür. Landeszeitung Deutschland gestiftete Preis von 100000 Mark wurde auf die Gruppensieger des Meisterschaftsturniers Klemm, Plöthner und Reinhardt verteilt.

Die von den Buchhandlungen A. Huschke, Bücherei und Antiquariat am Goethehaus, und Thelemann (Weimar) sowie von Mitgliedern des Thüringischen Schachbundes gestifteten Sachpreise wurden an die Sieger der einzelnen Turniere verteilt. Den Schönheitspreis erhielt Herr Klemm für die von ihm gegen Borbe gewonnene Partie.

B. Ausgewählte Turnierpartien.

Bearbeitet von

M. Blümich (35, 39) und Dr. F. Palitzsch (31—34, 36—38).

I. Meisterturnier.

Partie Nr. 31.

Grünfeld-Verteidigung.

Weiß:		Schwarz:
	Zander	Post
1.	d2—d4	Sg8—f6
2.	Sg1—f3	g7—g6
3.	c2—c4	Lf8—g7
4.	Sb1—c3	d7—d5

Im Sinne des Erfinders dieser Verteidigung in dem Augenblicke gespielt, wo e4 droht.

5.	c4—d5:	Sf6—d5:
6.	e2—e4	Sd5—c3:
7.	b2—c3:	c7—c5

Der gegebene Zug, um nach Abtausch der c-Bauern den hängenden Bd4 aufs Korn zu nehmen. Alle folgenden Züge erklären sich als Angriff bzw. Verteidigung dieses Bauern.

8.	Lf1—c4	c5—d4:
9.	c3—d4:	Sb8—c6
10.	e4—e5	0—0
11.	0—0	Lc8—g4
12.	Lc1—e3	....

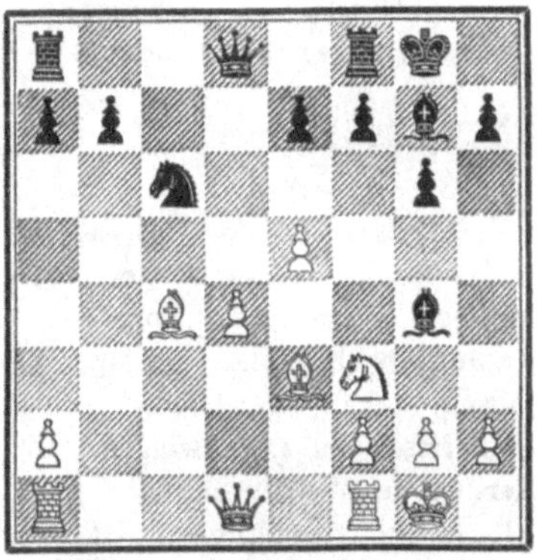

12.	....	Dd8—d7

Damit ist der d-Bauer nicht zu holen. wie das Gegenspiel von Weiß zeigt. Einfach Lf3: dürfte am Platze sein, um Weiß einen Doppelbauern zu machen, denn 13. Df3:, Sd4: 14. Db7:, Le5: nebst evtl. Lg7 und e5 hätte Bauernverlust zur Folge.

13.	Lc4—b5	Tf8—d8
14.	Dd1—a4	Lg4—f3:
15.	g2—f3:	Ta8—c8
16.	Ta1—c1	Dd7—h3
17.	Lb5—c6:	b7—c6:

18.	Tc1—c6:	Dh3—f3:
19.	Tc6—c8:	Td8—c8
20.	Da4—d7	Df3—f5
21.	Dd7—e7:	f7—f6
22.	e5—e6	Df5—g4

Nachdem Weiß nunmehr einen Freibauern mehr hat, zieht es Schwarz vor, auf das schon seit dem 19. Zug von Weiß bereitwillig zugelassene Remis durch Dauerschach einzugehen.

Partie Nr. 32.
Damengambit.

	Weiß:	Schwarz:
	Zander	Schlage
1.	d2—d4	Sg8—f6
2.	c2—c4	e7—e6
3.	Sg1—f3	d7—d5
4.	Lc1—g5	h7—h6

Gewöhnlich geschieht hier Sbd7. Mit dem Textzug, der von Duras stammt, beabsichtigt Schwarz Abtausch auf f6 oder Aufgeben der Läuferfesselung zu erzwingen. Der Versuch des Weißen, mit Lh4 dieser Alternative zu entgehen, ist vergeblich, denn Schwarz erzwingt darauf durch nachträgliche Annahme des Gambits den Zug Sc3, der zur Rückgewinnung des Gambitbauern nötig ist, fesselt den Springer mit Lb4 und zwingt nun wegen der Drohung g5 nebst Se4 den Weißen nachträglich doch noch zu Lf6:.

5.	Lg5—h4	d5—c4:
6.	Sb1—c3	Lf8—b4
7.	Lh4—f6:	....

Nötig, da g5 nebst Se4 droht.

7.	....	Dd8—f6:
8.	Dd1—a4†	Sb8—c6
9.	e2—e3	Lc8—d7
10.	Da4—c2	....

Es drohte Sd4:.

10.	....	b7—b5
11.	a2—a4	b5—a4:
12.	Ta1—a4:	Ta8—b8

Damit droht wieder Sd4: 14. Sd4:, Lc3: 15. bc (Dc3:, La4:), La4: 16. Da4:, Tb1† usw. Außerdem wird der Turm auf der offenen b-Linie mit Angriff auf b2 wirksam. Schließlich ist der Zug eine vorsorgliche Deckung des Lb4, da nach Lc4: und 0—0 Weiß d5 ed; Sd5: mit Gewinn des Läufers droht.

13.	Ta4—a2	0—0
14.	Lf1—c4:	e6—e5
15.	0—0	e5—d4:
16.	Sc3—d5	Df6—d8
17.	Sf3—d4:	Sc6—d4:
18.	e3—d4:	Lb4—d6
19.	Ta2—a7:	Ld7—c6

Droht Rückgewinn des Bauern durch Ld5:; Ld5:, Lh2† usw. Nach der Entgegnung des Weißen wird der Bauer auf andere Weise zurückgewonnen.

20.	Sd5—e3	Dd8—h4
21.	g2—g3	Dh4—d4:
22.	Ta7—a2	Lc6—e4
23.	Dc2—c3	Dd4—c3
24.	b2—c3:	Ld6—e5
25.	Lc4—d5	Le4—b1
26.	Ta2—a7	Le5—c3:
27.	Ta7—c7:	Lc3—d4
28.	Se3—c4	Lb1—a2
29.	Tf1—d1	Tb8—b1
30.	Td1—b1:	La2—b1:

Remis.

Partie Nr. 33.
Damengambit.

	Weiß:	Schwarz:
	Vordank	Zander
1.	d2—d4	d7—d5
2.	Sg1—f3	c7—c6
3.	c2—c4	e7—e6
4.	Sb1—c3	f7—f5

Ungewöhnlich.

5.	Lc1—f4	Lf8—d6
6.	Lf4—d6:	Dd8—d6:
7.	Sf3—e5	Sb8—d7
8.	f2—f4	Sg8—h6
9.	e2—e3	0—0
10.	Lf1—d3	Dd6—e7
11.	Dd1—h5	Sd7—e5:
12.	f4—e5:	Sh6—g4
13.	Dh5—h3	De7—b4

Damit erobert Schwarz einen Bauern. Allerdings wird dabei die schwarze Dame aus dem Spiel gebracht, wodurch Weiß Angriffstempos gewinnt.

14.	Ta1—b1	d5—c4:
15.	Ld3—e2	Sg4—h6
16.	0—0	b7—b5
17.	Dh3—h4	Db4—a5
18.	Le2—f3	Lc8—d7
19.	Dh4—e7	Ta8—d8
20.	Lf3—h5	....

Mit 20. Lc6:, Tfe8 (Lc6: 21. De6† nebst 22. Dc6:), Dc5 konnte Weiß den Bauern zurückgewinnen.

20.	....	Kg8—h8
21.	Tf1—f3	Sh6—g8
22.	De7—g5	h7—h6
23.	Dg5—h4	Ld7—e8
24.	Tb1—f1	g7—g5
25.	Dh4—h3	g5—g4
26.	Lh5—g4:	....

Schwarz, der sich sorgfältig verteidigt hat, hat durch seinen kühnen Bauernvorstoß nun auch noch eine Figur gewonnen. Er sollte damit trotz seiner entblößten Königsstellung, da diese gut verteidigungsfähig ist, die Partie zu seinen Gunsten entscheiden.

26.	....	f5—g4:
27.	Dh3—g4:	Tf8—f3:
28.	Tf1—f3:	Da5—c7
29.	Sc3—e4	Dc7—g7
30.	Dg4—h4	Td8—d7
31.	Tf3—g3	Dg7—h7
32.	Se4—f6	Sg8—f6:
33.	Dh4—f6‡	Td7—g7
34.	e3—e4	....

Die einzige Gegenchance des Weißen besteht in der Nutzbarmachung seiner Mittelbauern.

34.	....	Le8—g6
35.	d4—d5	c6—d5:
36.	e4—d5:	e6—d5:
37.	e5—e6	....

37.	....	Lg6—f7

Schwarz befindet sich zweifellos im Zustande einer gewissen Lähmung und ist offenbar zufrieden, mit dem folgenden Remis durch Dauerschach herauszukommen. Er hätte aber mit Lh5 einen Gewinnversuch machen können, z. B. 38. Df8†, Dg8 39. e7, Tg3: 40. hg (Dh6†?, Dh7 41. Df8†, Tg8), Kh7 nebst Le8, Df7, Kg6, Kf6 usw.

38.	e6—f7:	Dh7—b1†
39.	Kg1—f2	Db1—c2†
40.	Kf2—f3	Dc2—d3†
41.	Kf3—f2	Dd3—d2†

Remis.

II. Meisterschaftsturnier.

Partie Nr. 34.

Damenbauernspiel.

	Weiß: Heinicke	Schwarz: Voigt
1.	d2—d4	d7—d5
2.	e2—e3	Sg8—f6
3.	Lf1—d3	e7—e6
4.	Sb1—d2	Lf8—e7
5.	c2—c3	a7—a6
6.	f2—f4	Sb8—d7
7.	e3—e4	d5—e4:
8.	Sd2—Se4:	b7—b5
9.	Dd1—f3	Ta8—b8

Lb7 scheitert jetzt an Sf6‡ und muß daher erst vorbereitet werden.

10.	Sg1—h3	h7—h6

Tempoverlust, da Sg5 vorläufig nicht zu fürchten ist und später der Springer immer noch mit h6 vertrieben werden könnte.

11.	0—0	Lc8—b7
12.	Se4—f6‡	Sd7—f6:
13.	Df3—g3	0—0
14.	f4—f5	Le7—d6
15.	Dg3—h4	e6—e5
16.	Lc1—e3	e5—e4
17.	Ld3—c2	Tf8—e8
18.	Ta1—e1	Tb8—c8

Ein verfehlter Zug, denn Schwarz hat jetzt keine Zeit, auf dem Damenflügel zu operieren, sondern sollte alles daran setzen, den drohenden Angriff auf dem Königsflügel nach Möglichkeit abzuschwächen, z. B. mit Sd5 nebst Se3:.

19.	g2—g4	....

Weiß geht nun energisch zum Angriff über. Es zeigt sich, daß die Festung bereits sturmreif ist.

19.	....	Sf6—h7

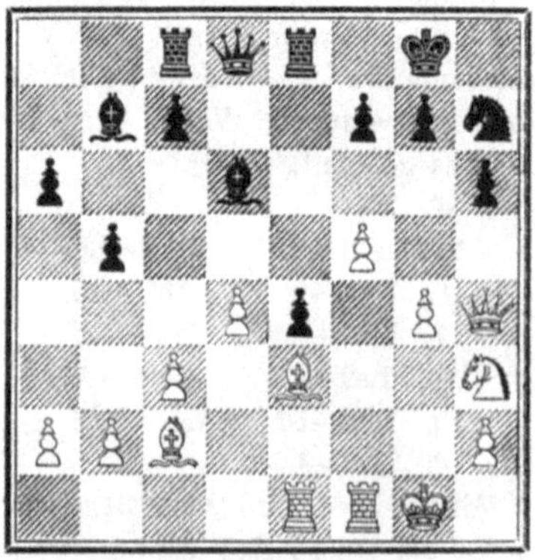

20.	f5—f6	Te8—e6
21.	g4—g5	h6—g5:
22.	Sh3—g5	Sh7—g5:
23.	Le3—g5:	g7—g6
24.	Lc2—b3!	....

Damit wird die Partie in wenigen energischen Zügen in gutem Stile von Weiß beendet.

24.	....	Te6—e8

25. Dh4—h6 Ld6—f8
26. Dh6—g6† Kg8—h8
27. Dg6—h5†.

Schwarz gab auf, denn es folgt Matt im nächsten bzw. übernächsten Zuge.

Partie Nr. 35.
Dreispringerspiel.

Weiß:	Schwarz:
Klemm	Dr. Walter
1. e2—e4	e7—e5
2. Sb1—c3	Sg8—f6
3. Sg1—f3	d7—d6

Das gibt ein sicheres, aber beengtes Spiel. Vorzuziehen ist es, mit Sb8—c6 ins Vierspringerspiel einzulenken.

4. Lf1—c4	Lf8—e7
5. d2—d4	e5—d4:
6. Sf3—d4:	0—0
7. Lc4—d3	Tf8—e8
8. Lc1—e3	Sb8—d7
9. 0—0	Sd7—c5
10. f2—f3	Le7—f8
11. Le3—g5	Sc5—e6
12. Sd4—e6:	f7—e6:

Natürlicher und auch folgerichtiger war Le6:, was den Te8 nicht verstellt.

13. f3—f4	Lf8—e7
14. Dd1—f3	Sf6—d7
15. Ld3—c4	Sd7—f8

Warum nicht Lg5: 16. fg, De7? Weiß hat jetzt eine sehr starke Stellung, die er Zug um Zug weiter verstärkt.

16. Tf1—f2	Lc8—d7
17. Ta1—f1	Sf8—g6
18. Lg5—e7:	Dd8—e7:
19. Df3—e3	a7—a6
20. g2—g3	b7—b5

Das schwächt nur den Dameflügel. Kh8 war am Platze.

21. Lc4—e2	Te8—f8
22. Le2—h5	Sg6—h8
23. Lh5—g4	c7—c6?
24. Tf2—d2	g7—g6
25. Tf1—d1	Sh8—f7
26. e4—e5	d6—d5
27. Sc3—e4	Sf7—h6
28. Lg4—h3	Kg8—h8
29. De3—c5	Tf8—f7
30. Dc5—d4	Tf7—g7
31. Se4—c5	Ld7—c8
32. b2—b4	Sh6—f7
33. c2—c3	Sf7—d8
34. Sc5—e4	Sd8—f7
35. Se4—f6	Sf7—h6
36. Td2—f2	Lc8—b7
37. g3—g4	Ta8—f8
38. g4—g5	Sh6—f7
39. Lh3—g4	Sf7—d8

Schwarz, der die Partie ohne jeden Unternehmungsgeist gespielt hat, ist völlig eingeschnürt und muß den Schlußangriff des Gegners tatenlos über sich ergehen lassen.

40. h2—h4	Lb7—c8
41. Tf2—h2	De7—a7
42. h4—h5	Da7—d4†
43. c3—d4:	h7—h6
44. g5—h6:	Aufgegeben.

Partie Nr. 36.
Italienische Partie.

Weiß:	Schwarz:
Borbe	Klemm
1. e2—e4	e7—e5
2. Sg1—f3	Sb8—c6
3. Lf1—c4	Sg8—f6

4. d2–d4 Lf8–c5
5. Sb1–c3 d7–d6
6. h2–h3 ....

Damit geht die Initiative des Anzuges auf Schwarz über, der mit dem nächsten Zuge die bisherige Symmetrie durchbricht. Mit Le3 konnte Weiß dem zuvorkommen.

6. .... Lc8–e6
7. Sc3–d5 Le6–d5:
8. e4–d5: Sc6–d4
9. 0–0 0–0
10. c2–c3 Sd4–f5
11. Kg1–h1 ....

Später zeigt sich, daß Kh2 besser gewesen wäre.

11. .... c7–c6
12. d5–c6: b7–c6:
13. d3–d4 e5–d4:
14. c3–d4: Lc5–b6
15. Lc1–e3 Sf6–e4

Droht Seg3† mit Qualitätsgewinn.

16. Kh1–h2 d6–d5
17. Lc4–b3 ....

Besser war Ld3, um einen der gefährlichen Springer sofort abtauschen zu können.

17. .... Lb6–c7†
18. Kh2–g1 Dd8–d6
19. Lb3–c2 Sf5–h4!

Droht Sf3‡ nebst Dh2‡. Schwarz hat den Angriff völlig in die Hand bekommen und führt ihn energisch weiter.

(S. Stellungsbild.)

20. Tf1–e1 Sh4–f3:
21. Dd1–f3: f7–f5!
22. a2–a4 ....

Weiß will anscheinend den Turm über a3 entwickeln, was jedoch viel zu umständlich wäre. Es ist

Stellung nach dem 19. Zuge von Schwarz.

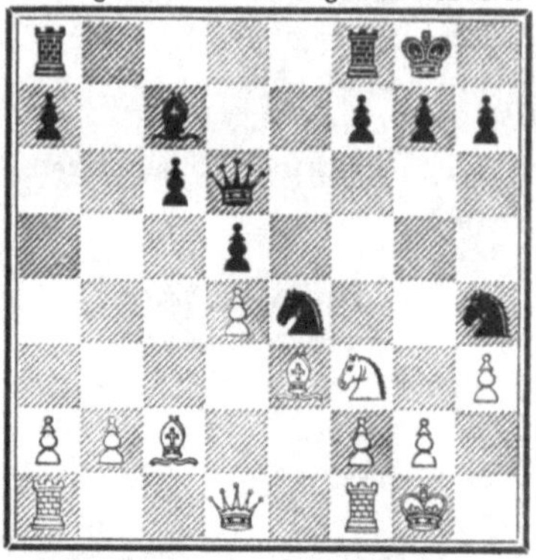

jedoch in der vorliegenden Stellung für Weiß überhaupt schwer, eine ausreichende Verteidigung zu finden.

22. .... Dd6–h2†
23. Kg1–f1 f5–f4!

Ausgezeichnet! Nun droht Sg3† 25. fg, fg mit Damenverlust.

24. Lc2–e4: d5–e4:
25. Df3–e4: Ta8–e8
26. De6–c6: f4–e3:
27. f2–f3 Dh2–h1†
28. Kf1–e2 Dh1–g2‡
29. Ke2–d3 Dg2–d2†
30. Kd3–c4 Dd2–e2†

Weiß gab auf, denn auf Kb5 folgt Tb8† nebst Matt in wenigen Zügen.

Partie Nr. 37.
Réti-Verteidigung.

Weiß: Senz — Schwarz: Plöthner

1. d2–d4 Sg8–f6
2. Sg1–f3 g7–g6
3. c2–c3 Lf8–g7
4. Lc1–f4 d7–d6

Diese von Réti gespielte unregelmäßige Verteidigung des Damengambits bezweckt, e5 vorzubereiten. In der vorliegenden Aufstellung des Weißen mit Lf4 ist dieser Plan jedoch nur unter Schwierigkeiten durchführbar.

5.	Sb1—d2	0—0
6.	e2—e3	Sb8—d7
7.	Dd1—c2	Sf6—e8

Besser sieht Sh5 aus, um evtl. den Läufer abzutauschen.

8. Lf1—c4 ....

Damit leitet Weiß ein feines Gegenspiel gegen e5 ein.

8.	....	e7—e5
9.	Lf4—g5	Se8—f6
10.	d4—e5:	d6—e5:
11.	Sd2—e4	Dd8—e7
12.	h2—h4	h7—h6

Dieser Zug, der an sich dringend geboten zur Befreiung der schwarzen Stellung erscheint, ist von Weiß durch den weitausschauenden Zug Lc4 zu einem Fehler gestempelt worden, wie die Folge beweist.

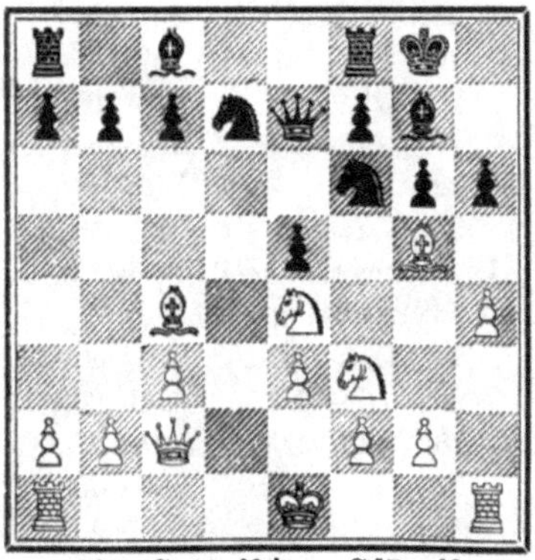

13.	Se4—f6†	Sd7—f6:
14.	Dc2—g5:	Lc8—e6

Auf hg 15. hg muß Schwarz den Springer zurückgeben, da bei dessen Wegzug Dh7† erfolgen würde; die schwarze Königsstellung wäre dann völlig zerrüttet.

15.	Lg5—f6:	De7—f6:
16.	Dg5—f6:	Lg7—f6:
17.	Lc4—e6:	f7—e6:
18.	Ke1—e2	und gewann

durch das Bauernübergewicht.

Partie Nr. 38.
Skandinavische Verteidigung.

Weiß:	Schwarz:
Plöthner	Dr. Bögehold

1.	e2—e4	d7—d5
2.	e4—d5:	Sg8—f6

Diese Fortsetzung ist weniger gut als Dd5:.

3.	Sb1—c3	Sf6—d5:
4.	d2—d4	Lc8—f5
5.	Sg1—f3	Sb8—c6
6.	Lf1—b5	Sd5—b4
7.	Lb5—a4	e7—e6

Im weiteren Verlaufe der Partie verlor Schwarz im Mittelspiel durch einen Fehler zwei leichte Figuren

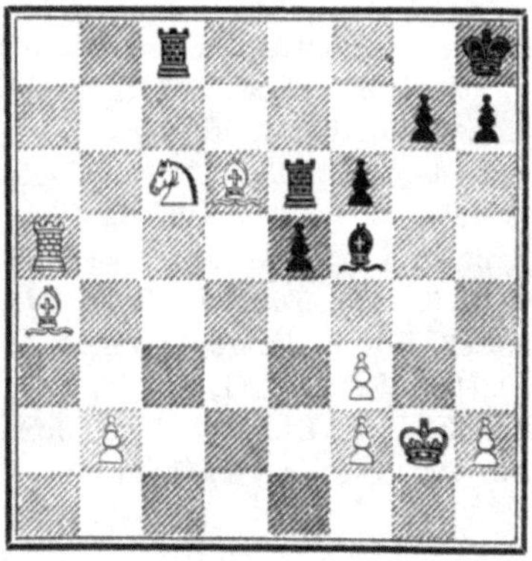

gegen einen Turm. Nach dem 31. Zuge von Schwarz kam es dann zu vorstehender Stellung.

32. Sc6—e7 ....

Der schnellste Weg zum Gewinn. Weiß gibt vorübergehend die Figur zurück, die er bei vereinfachter, klar gewonnener Stellung zurückerhält.

32. .... Te6—d6:
33. Se7—c8: Lf5—c8:
34. Ta5—a8 Schwarz gab auf, denn auf Td8 folgt Ld7!.

Partie Nr. 39.
Wiener Partie.

Weiß:	Schwarz:
Klemm	Reinhardt

1. e2—e4 e7—e5
2. Sb1—c3 Sb8—c6
3. Lf1—c4 Lf8—c5
4. Dd1—g4 g7—g6

Das schwächt den Königsflügel. Auf Kf8 folgte in einer Partie v. Bardeleben — Richter 5. Dg3, d6 6. Sf3, Se7? 7. d3, Sd4 8. Sd4:, Ld4: 9. Se2, Lb6 10. f4, f6 und Weiß gewann. Teichmann und Marshall versuchten gegen Mieses mit Erfolg Lf8 5. Dg3, d6 6. Se2, Le6 7. Lb5, Se7 8. f4, a6 9. La4, f6 10. d4, ed und 5. .... Sf6 6. Sf3, Sh5 7. Dg5, Dg5: 8. Sg5:, f6 9. Sf7, Sa5 10. Sh6:, Sc4:. Am interessantesten ist Df6, z. B. 5. Sd5, Df2† 6. Kd1, Kf8 7. Sh3, Dd4 8. d3, d6 9. Dh4, Lh3: 10. Dh3:, Sa5 11. Tf1, Sc4 12. Dd7, f6 13. Sf6:, Df2: 14. Tf2:, Lf2: 15. Sh5 (Mieses — Tschigorin).

5. Dg4—g3 ....

Es drohte d7—d5.

5. .... d7—d6
6. d2—d3 ....

Sg1—e2, um nach Sc6—d4 den Springer zu schlagen, verdiente den Vorzug.

6. .... Sc6—d4
7. Lc4—b3 c7—c6
8. Sg1—f3 Dd8—a5

Besser Sf6. Schwarz schafft dem Gegner zwar einen störenden Doppelbauern, verliert aber viel Zeit.

9. Lc1—d2 Sd4—b3:
10. c2—b3: Da5—c7
11. 0—0 Sg8—f6
12. Ld2—e3 Lc5—b6
13. d3—d4 e5—d4:
14. Sf3—d4: Dc7—e7
15. Ta1—e1 Sb6—c7
16. Le3—g5 h7—h6

Es drohte 17. Df4, Ld8 18. e5.

17. Dg3—h4 Lc7—d8
18. Sd4—f5! ....

Jetzt rächt sich, daß der schwarze König noch in der Mitte steht.

18. .... De7—f8
19. Lg5—f6: g6—g5
20. Dh4—g3 Ld8—f6:
21. Sf5—d6╪ Ke8—e7
22. e4—e5 Lf6—g7
23. f2—f4 g5—f4:

Die schwarze Stellung ist nicht mehr verteidigungsfähig.

24. Dg3—f4: Lc8—e6
25. Df4—b4 Ta8—b8
26. Sd6—f7╪ Ke7—d7
27. Db4—d4† Le6—d5
28. Sc3—d5: c6—d5:
29. Dd4—d5╪ Aufgegeben.

3.

Der Kongreß des Saale-Schachbundes in Weißenfels 1923

A. Kongreßbericht.

Von C. Parthy.

Mit der Durchführung des 41. Kongresses hatte der Saale-Schachbund die Schachgesellschaft „Roland" e. V. Weißenfels beauftragt, die nach übereinstimmenden Äußerungen aller Teilnehmer ihre Aufgabe glänzend gelöst hat. Über 150 Schächerinnen und Schächer hatten sich in der alten Herzogsstadt eingefunden, um, auf einige Tage Not und Sorge der Zeit vergessend, sich unserem edlen Spiel zu widmen. Von schönstem Sommerwetter begünstigt, konnten die Turniere im schattigen Garten des „Schumanns Garten" ausgespielt werden. Die Räume des Etablissements hätten die 144 Turnierspieler auch kaum fassen können. Von nah und fern waren sie herbeigeeilt. Die Schachabteilung des Sportklubs Charlottenburg sandte 10 Spieler, aus Berlin, Zwickau, Plauen, Thale, Quedlinburg, Leipzig, Gotha usw. waren sie gekommen. Das Gros der Spieler stellte natürlich der Saale-Schachbund selbst. Magdeburg, Halle, Zeitz, Freyburg a. U. und Cöthen waren hier am stärksten vertreten.

Da für das Hauptturnier A wenig Meldungen eingegangen waren, meldeten sich drei Zeitzer und drei Weißenfelser Spieler in diese Klasse, ohne darin viel ausrichten zu können. In Gruppe 1 (7 Teilnehmer) errang Heilbronner-Halle einen glänzenden Sieg, indem er alle Partien gewann. Der 2. Platz war Urbach-Magdeburg (5 von 6) nicht zu nehmen. In Gruppe 2 (6 Teilnehmer) wurde Scheibe-Cöthen mit $4^1/_2$ aus 5 Partien Erster. Buchholz-Magdeburg kam durch sein Unendschieden gegen Spalwingk auf den 2. Platz. In der Entscheidungspartie der Gruppensieger gewann Scheibe gegen Heilbronner und errang damit den 1. Preis, bestehend aus 1 Paar Luxus-Herrenstiefel und 1 Flasche Sekt. (Der letzteren wurde schnell der Hals gebrochen, wobei Herrn Scheibe einige Turnierteilnehmer tatkräftige Hilfe leisteten.) Heißer noch war der Kampf im Hauptturnier B. Hier kämpften 24 fast gleichwertiger Gegner um die Siegespalme. Erst am Mittwoch fiel die Entscheidung in der Siegergruppe. Bötiger-Magdeburg wurde Erster vor Normann-

Weißenfels. Ihnen folgen die Hallenser Brandt und Knoblauch, siehe Tabellen. Im Hauptturnier C gab es 8 Gruppen à 4 Mann. Sieger waren in den einzelnen Gruppen: Kunze, Kuckain, Gutberlet, Steinberg, Weigel, Götze, Ischner und Bötzold. Im Nebenturnier (6 Teilnehmer) 1. Preis Knigge, 2. Mohs, 3. Heller. Von den Turnieren der Schachgesellschaft „Roland" (auch für nicht Saale-Schachbund-Mitglieder) beanspruchten die Gastturniere I und II, sowie das Damenturnier das meiste Interesse. In den Gastturnieren, je 2 Gruppen à 5 Mann stellte der Sportklub Charlottenburg die meisten Spieler (8 von 20). Es siegte dann auch, wie ein Teilnehmer treffend anführte, nicht das Pferd, sondern der „Stall". Im Gastturnier I ließ sich „Meester" Hartewig-Plauen im Stichkampf von Enoch-Charlottenburg schlagen und im Gastturnier II ging es seinem Landsmann Soremba-Zwickau ebenso, der eine halbe Stunde vor Abgang seines Zuges vor dem Charlottenburger Strunsky die Waffen strecken mußte. Das Damenturnier wurde eine sichere Beute von Frau Brauner-Charlottenburg, die ihren Mitspielerinnen überlegen war. Den 2. Preis ließ sich Frau Parthy-Weißenfels nicht nehmen. Im Jugendturnier wurde Bischoff Erster vor Haak. In den 11 Tagesturnieren zu je 4 Mann erhielten einen 1. Preis: Flatow, Hebestreit, Brauner, Reger, A. Soremba, Buchmann, R. Soremba, Steinberg, Büchting, Schmidt und Lotze.

Eine Begrüßungsfeier am Sonnabend abend vereinigte die Teilnehmer bis in die späten Nachtstunden. Von dem Guten, das hierbei geboten wurde, ist besonders die Schach-Moritat des Kapellmeisters Spalwingk zu erwähnen. Viele Heiterkeit erregte auch die Verlesung eines der Schachgesellschaft Roland von der befreundeten Schachvereinigung Vitzenburg gewidmeten Gedichts durch Schachfreund Behrens. Am Sonntag morgen fand vor Beginn des Spieles die feierliche Eröffnung der Schachausstellung in der Seminaraula statt. (Das Weißenfelser Tageblatt schreibt darüber Näheres.) Mit einem Abschiedstrunk auf der Rudelsburg fand der Kongreß ein Ende.

Das gemeinsame Mittagsmahl am Sonntag vereinigte 75 Personen. Ernste und heitere Trinksprüche, sowie musikalisch-gesangliche Darbietungen würzten das Mahl. Für Unterkunft war gut gesorgt worden. Außer zahlreichen Bürger-Freiquartieren (35) sollte ein Massenfreiquartier in der Schloßkaserne zur Verfügung stehen. Letzteres wurde leider infolge der Verlegung einer Polizeischule nach W. 3 Tage vor dem Kongreß abgesagt, so daß noch Quartiere in Hotels beschafft werden mußten. Der Sonnabend und Sonntag anwesende Schachmeister Kagan-Berlin stiftete eine Million (Dollarstand 175000), die den Teilnehmern restlos zugute kamen. So wurde allen der billigste Übernachtungssatz für alle

Tage ausgezahlt. Zum gemeinsamen Mittagessen wurde allen 75 Teilnehmern $^1/_5$ vergütet usw. Die zur Verteilung gekommenen Turnierpreise sprechen wohl für sich selbst. — Es wurden verteilt: 6 Paar Stiefel, zwei große Radierungen (Die alten Schachspieler), 2 Flaschen Sekt, 2 Flaschen Likör, verschiedene Würste, 4 Paar Stiefelsohlen, Hosenträger, Manschettenknöpfe, Glasschalen und andere nützliche Sachen, über 30 kleinere Schachbilder, zum Teil mit Rahmen usw. Meister Kagan spielte am Sonntag simultan, am Montag abend spielte der Meister von Deutschland, Amtsanwalt Post-Berlin gegen 33. (Resultat + 15, = 8, — 10.) Von den anwesenden Problem-Komponisten Laue und Lazarus-Halle, sowie Spalwingk-Weißenfels wurden dem Kongreß verschiedene Aufgaben gewidmet, die z. T. veröffentlicht und in diesem Buche im letzten Abschnitt zu finden sind.

Gastturnier I.

Gruppe 1.

	1	2	3	4	5	
1. Enoch, Charlottenburg .	—	1	1	$^1/_2$	1	$3^1/_2$
2. Laue, Halle	0	—	1	1	1	3
3. Bauer, Berlin	0	0	—	$^1/_2$	1	$1^1/_2$
4. Rabinowicz, Charlottenbg.	$^1/_2$	0	$^1/_2$	—	$^1/_2$	$1^1/_2$
5. R. Soremba, Zwickau . .	0	0	0	$^1/_2$	—	$^1/_2$

Gruppe 2.

	1	2	3	4	5	
1. Hartewig, Plauen	—	1	1	1	1	4
2. Herzmann, Charlottenburg	0	—	0	1	1	2
3. Philipoff, Charlottenburg	0	1	—	0	1	2
4. Sorochovitsch, Charlottenb.	0	0	1	—	1	2
5. Takke, Leipzig	0	0	0	0	—	0

Im Stichkampf siegte Enoch gegen Hartewig 1:0.

Gastturnier II.

Gruppe 1.

	1	2	3	4	5	
1. Strunsky, Charlottenburg	—	1	1	1	1	4
2. Becker, Leipzig	0	—	1	1	1	3
3. Rücker, Etzdorf	0	0	—	1	1	2
4. Arold, Leipzig	0	0	0	—	1	1
5. Fandtrei, Charlottenburg	0	0	0	0	—	0

Gruppe 2.

	1	2	3	4	5	
1. A. Soremba, Zwickau . .	—	1	$^1/_2$	1	1	$3^1/_2$
2. Buchmann, Nossen . . .	0	—	1	1	1	3
3. Reich, Charlottenburg . .	$^1/_2$	0	—	1	1	$2^1/_2$
4. Lotze, Leipzig	0	0	0	—	1	1
5. Busch, Leipzig	0	0	0	0	—	0

Stichkampf: Strunsky — Soremba 1:0.

Hauptturnier A.

Gruppe 1.

	1	2	3	4	5	6	7	
1. Heilbronner, Halle . . .	—	1	1	1	1	1	1	6
2. Urbach, Magdeburg . . .	0	—	1	1	1	1	1	5
3. Behrens, Freyburg . . .	0	0	—	1	1	$^1/_2$	1	$3^1/_2$
4. Müller, Zeitz	0	0	0	—	1	1	0	2
5. Hage, Weißenfels	0	0	0	0	—	1	$^1/_2$	$1^1/_2$
6. Steinke, Weißenfels . . .	0	0	$^1/_2$	0	0	—	1	$1^1/_2$
7. Ritzau, Thale	0	0	0	1	$^1/_2$	0	—	$1^1/_2$

Gruppe 2.

	1	2	3	4	5	6	
1. Scheibe, Cöthen	—	1/2	1	1	1	1	4 1/2
2. Buchholz, Magdeburg	1/2	—	1	1/2	1	1	4
3. Poßner, Quedlinburg	0	0	—	1	1	1	3
4. Spalwingk, Weißenfels	0	1/2	0	—	1	1	2 1/2
5. Winkler, Zeitz	0	0	0	0	—	1	1
6. Kempte, Zeitz	0	0	0	0	0	—	0

Im Stichkampf um den 1. Preis siegte Scheibe über Heilbronner 1:0.

Hauptturnier B.

Gruppe 1.

	1	2	3	4	5	6	
1. Böttger, Magdeburg	—	0	1	1	1	1	4
2. Dr. Lazarus, Halle	1	—	0	1	0	1	3
3. Janicke, Weißenfels	0	1	—	0	1	1/2	2 1/2
4. Gareis, Merseburg	0	0	1	—	0	1	2
5. J. Leiboschütz, Cöthen	0	1	0	1	—	0	2
6. Heyne, Zeitz	0	0	1/2	0	1	—	1 1/2

Gruppe 2.

	1	2	3	4	5	6	
1. Normann, Weißenfels	—	1/2	1	1	1	1	4 1/2
2. Schneider, Magdeburg-B.	1/2	—	1/2	1	1	1	4
3. H. Leiboschütz, Cöthen	0	1/2	—	0	1	1	2 1/2
4. Schatz, Halle	0	0	1	—	1/2	1	2 1/2
5. Pinsler, Zeitz	0	0	0	1/2	—	1	1 1/2
6. H. Müller, Weißenfels	0	0	0	0	0	—	0

Gruppe 3.

	1	2	3	4	5	6	
1. Brandt, Halle	—	1	1	$^1/_2$	1	1	$4^1/_2$
2. Herburg, Aschersleben	0	—	1	1	1	1	4
3. Krüger, Erxleben	0	0	—	1	1	1	3
4. Baumgärtel, Weißenfels	$^1/_2$	0	0	—	1	1	$2^1/_2$
5. Schökel, Staßfurt	0	0	0	0	—	1	1
6. Büchner, Magdeburg	0	0	0	0	0	—	0

Gruppe 4.

	1	2	3	4	5	6	
1. Knoblauch, Halle	—	1	1	1	1	1	5
2. Jänicke, Bernburg	0	—	0	1	1	1	3
3. Fleck, Weißenfels	0	1	—	0	0	1	2
4. Rabe, Gotha	0	0	1	—	0	1	2
5. K. Müller, Weißenfels	0	0	1	1	—	0	2
6. Kranz, Weißenfels	0	0	0	0	1	—	1

Siegergruppe

	1	2	3	4		
1. Bötiger	—	1	$^1/_2$	1	$2^1/_2$	1. Preis
2. Normann	0	—	1	1	2	2. Preis
3. Brandt	$^1/_2$	0	—	$^1/_2$	1	3. Preis
4. Knoblauch	0	0	$^1/_2$	—	$^1/_2$	4. Preis

Damenturnier.

	1	2	3	4	5	
1. Brauner, Charlottenburg	—	1	1	1	1	4
2. Parthy, Weißenfels	0	—	1	1	1	3
3. Pinternagel, Weißenfels	0	0	—	1	1	2
4. Dreyhaupt, Weißenfels	0	0	0	—	1	1
5. Lehmann, Eilenburg	0	0	0	0	—	0

B. Ausgewählte Turnierpartien.

Bearbeitet von C. Normann (43, 44) und Dr. F. Palitzsch (40—42).

I. Hauptturnier A.

Partie Nr. 40.

Wiener Partie.

Weiß:	Schwarz:
Spalwingk	Scheibe

1. e2—e4 e7—e5
2. Sb1—c3 Sg8—f6
3. d2—d4 ....

Weiß behandelt die Eröffnung sehr eigenartig. Durch den Textzug wird die weiße Dame verfrüht ins Spiel gebracht und namentlich durch die spätere Postierung auf a4 auf Abwege geführt. Korrekt wäre an dieser Stelle Lc4 oder f4.

3. .... e5—d4:
4. Dd1—d4: Sb8—c6
5. Dd4—a4? Lf8—b4
6. Lc1—d2 0—0
7. a2—a3? ....

Ein Fehlzug, der einen Bauern kostet. Ld3 war notwendig.

7. .... Lb4—c3:
8. Ld2—c3: Sf6—e4:
9. Lc3—d4 ....

De4: scheitert natürlich an Te8.

9. .... Sc6—d4:
10. Da4—d4: d7—d6
11. 0—0—0 Se4—c5
12. h2—h3 ....

Weiß sollte sich lieber schleunigst entwickeln, statt weiter mit belanglosen Zügen Zeit zu verlieren.

12. .... Lc8—f5
13. Sg1—f3 Tf8—e8
14. Sf3—d2 a7—a6
15. b2—b4 ....

Diese Aufreißung der eigenen Königsstellung ist geradezu Selbstmord.

15. .... Sc5—a4
16. Dd4—d5 Dd8—f6!
17. Sd2—b3? ....

Zum Schluß noch ein grober Fehler, der ein zweizügiges Matt erlaubt. Allein Weiß ist ohnedies verloren, denn nach Db3, was nötig wäre, gewinnt Schwarz mit Sc3 die Qualität.

17. .... Df6—b2†
18. Kc1—d2 Db2—c2 ╪

Partie Nr. 41.

Wiener Partie.

	Weiß:	Schwarz:
	Heilbronner	Scheibe
1.	e2—e4	e7—e5
2.	Sb1—c3	Sg8—f6
3.	f2—f4	d7—d5
4.	f4—e5:	Sf6—e4:
5.	Sg1—f3	Lf8—b4
6.	Dd1—e2	Lb4—c3:
7.	b2—c3:	0—0
8.	Lc1—b2	....

Auf b2 steht der Läufer schlecht, denn auf der Diagonale b2—g7 kann er kaum zur Wirkung kommen, da doch früher oder später zur Stützung des vereinzelten e-Bauern d4 notwendig wird. Besser wäre De3 nebst Le2 und 0—0.

8.	....	Tf8—e8
9.	d2—d3	Se4—c5
10.	De2—f2	Sc5—a4
11.	Lb2—c1	Sb8—c6
12.	Df2—g3	f7—f6!
13.	Lc1—h6	Dd8—e7
14.	Lh6—d2	Sc6—e5:

Als Folge der unzweckmäßigen, mit mehrfachen Tempoverlusten verbundenen Entwicklung der weißen Streitkräfte hat Schwarz einen Bauern bei furchtbarer Angriffsstellung erobert.

(S. Stellungsbild.)

15.	Lf1—e2?	....

Stellung nach dem 14. Zuge von Schwarz.

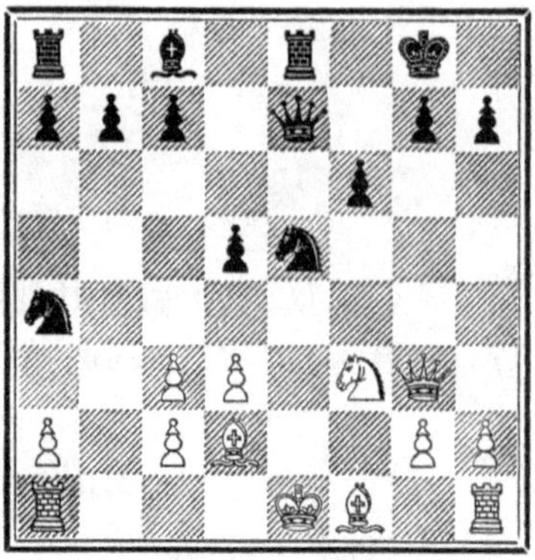

In dieser schwer bedrohten Stellung bot nur Abtausch einigermaßen Aussicht auf Rettung: 15. Se5:, fe (De5‡ 16. De5:, Te5‡ 17. Kf2) 16. Le2.

15.	....	Se5—d3‡
16.	Ke1—f1	....

Sonst folgt sofortiges Matt.

16.	....	De7—e2‡
17.	Kf1—g1	Sd3—e5
18.	Ld2—h6	Se5—f3‡
19.	g2—f3:	Te8—e7
20.	h2—h4	De2—e5!
21.	Lh6—f4	De5—c3:
22.	Ta1—f1	Dc3—d4†
23.	Kg1—h2?	....

Damit bricht die totverlorene Partie rasch zusammen.

23.	....	Te7—e2†

Weiß gab auf.

II. Hauptturnier B.

Partie Nr. 42.
Französisches Springerspiel.

Weiß:	Schwarz:
Normann	Müller

1.	e2—e4	e7—e5
2.	Sg1—f3	d7—d6
3.	d2—d4	e5—d4:
4.	Sf3—d4:	Sg8—f6
5.	Sb1—c3	c7—c6
6.	Lf1—d3	h7—h6

Schwarz hatte offenbar Angst vor den Zügen Lg5 und Sd5. Diese Gespensterfurcht dürfte die Veranlassung zu seinen übervorsichtigen letzten Zügen gewesen sein, womit er seine Entwicklung stark vernachlässigt.

7.	0—0	Lf8—e7
8.	b2—b3	0—0
9.	Lc1—b2	Lc8—e6
10.	Dd1—d2	Sf6—h7
11.	Ta1—e1	....

Damit hat Weiß seine Entwicklung methodisch beendet und steht nun sichtlich überlegen. Unterstützt durch mehrere Fehlzüge des Gegners gewann er denn auch im Mittelspiel 3 Bauern, so daß es nach dem 25. Zuge von Schwarz zu folgender Stellung kam:

(S. Stellungsbild.)

Weiß beendete hierauf die Partie in kräftigem Stile, wie folgt.

26.	Ld3—h7‡	Kg8—h7:
27.	Db2—c2†	Kh7—h8?

Mit dem besseren Zuge g6 war die Partie natürlich auch nicht zu retten. Nach dem Textzuge kündigt Weiß Matt an.

Stellung nach dem 25. Zuge von Schwarz.

28.	Th3—h6‡!	g7—h6:
29.	Sd5—f6 nebst	
30.	Dc2—h7‡.	

Partie Nr. 43.
Caro-Kann-Verteidigung.

Weiß:	Schwarz:
Pinsler	Normann

1.	e2—e4	c7—c6
2.	d2—d4	d7—d5
3.	e4—e5	Lc8—f5
4.	Lf1—d3	Lf5—d3:

Wie bekannt, ist Lg6 ein Fehler.

5.	Dd1—d3:	e7—e6
6.	Sg1—f3	Dd8—b6
7.	0—0	Db6—a6

Niemzowitschs tiefdurchdachter Zug.

8.	Tf1—d1	....

Kaum gut. Am besten ist wohl Db3.

8.	....	Sg8—e7
9.	Dd3—a6:	Sb8—a6:
10.	c2—c3	Se7—g6

11. b2—b4 ....

Damit soll c5 verhindert werden, was jedoch auf die Dauer nicht möglich ist.

11. .... b7—b6
12. g2—g3 c6—c5
13. b4—b5 ....

Besser wäre bc; nach dem Textzuge kommt Schwarz bald in Vorteil.

13. .... Sa6—c7
14. a2—a4 a7—a6
15. b5—a6: Ta8—a6:

Nun ist Ba4 isoliert und schwach. Schwarz richtet den Angriff sofort auf diese Schwäche.

16. Lc1—b2 Lf8—e7
17. Sb1—d2 Ke8—d7

Beide Teile arbeiteten in den letzten Zügen daran, die Türme auf die a-Linie zu bringen, Schwarz zum Angriff, Weiß zur Verteidigung. Der letzte Zug von Schwarz macht die 8. Reihe frei und entwickelt zugleich den König, der im Endspiel als starke Figur verwendet werden kann.

18. Ta1—a2 Th8—a8
19. Td1—a1 c5—c4

Um Sb3 zu verhindern.

20. h2—h4 ....

Hiermit leitet Weiß ein interessantes Verteidigungsspiel ein.

20. .... b5—b4
21. Sf3—g5 ....

Konsequenz des vorherigen Zuges und stärker als a5, worauf b4 folgt und Weiß um eine gute Antwort verlegen ist; denn er darf b4 nicht nehmen, andererseits droht b3, auf Ta4 aber folgt Kd7—c6—b5 mit Bauerngewinn und besserer Stellung als in der Partie.

21. .... Le7—g5:
22. h4—g5: Ta6—a4:
23. Ta2—a4: Ta8—a4:
24. Ta1—a4: b5—a4:

Schwarz hat nun einen Bauern gewonnen, aber es ist sehr schwer, ihn zur Geltung zu bringen, jedenfalls weit schwerer, als in der soeben ausgeführten Variante. Er hat sich jedoch folgenden gewinnbringenden Plan entworfen: die Springer werden auf b3 und b5 postiert, hierauf durch die Durchbruchsdrohung Ke7 bzw. Ke8, nebst f6; gf, gf; ef, Kf7 usw. der weiße Läufer auf a3 festgehalten, worauf durch Opfer eines Springers gegen 2 Bauern auf d4 mit den schwarzen Freibauern des Damenflügels der Sieg errungen wird.

25. Sd2—b1 Sc7—b5
26. Kg1—f1 Sg6—e7
27. Kf1—e2 Se7—c6
28. Ke2—d2 Sc6—a5
29. Kd2—c2 Sa5—b3
30. Kc2—d1 Kd7—e7

31. Lb2—c3† Ke7—e8
32. La3—b4 Sb3—d4:
33. c3—d4: Sb5—d4:
34. f2—f4 Sd4—f5
35. Lb4—e1 Sf5—e3†?

Dieser Fehlzug sollte zum Verlust der Partie führen. Besser wäre, mit dem König nach b5 oder c5 zu marschieren und dann mit den Bauern vorzurücken.

36. Kd1—d2 d5—d4
37. Le1—f2 ....

Schwarz ist bereits in eine Verluststellung geraten. Im nächsten Zuge versucht er es noch mit einem interessanten Schwindel, der ihm auch tatsächlich die Partie gewinnt.

37. .... c4—c3†!
38 Sb1—c3:? ....

Kc1 mußte geschehen, worauf Schwarz einpacken könnte.

38. .... d4—c3‡
39. Kd2—e3: a4—a3
40. Lf2—e1 c3—c2!

Weiß gab auf, denn nach Kd2 wird der Läufer verstellt und der a-Bauer geht zur Dame. Ein interessantes und bis zuletzt spannendes Endspiel.

Partie Nr. 44.

Französische Verteidigung.

Weiß:	Schwarz:
Normann	Brandt
1. e2—e4	e7—e6
2. d2—d4	d7—d5
3. Sb1—c3	Sg8—f6
4. Lc1—g5	Lf8—b4

Die Mac Cutchon-Variante gilt in letzter Zeit als inkorrekt. Aber auch das übliche Le7 ist nicht viel besser, wie die folgenden Beispiele zeigen:

I. 5. e5, Sd7 6. h4 (nach Aljechin), 0—0 7. Ld3, c5 8. Sh3 (stärker als das sonst übliche Dh5), Te8 9. Sb5, f5 10. Sd6 und gewann (Bogojubow—Spielmann, Wien 1922).

II. 5. e5, Sd7 6. Le7., De7: 7. Dd2, 0—0 8. f4, c5 9. Sf3, Sc6 10. g3, a6 11. Lg2, b5 12. 0—0, cd 13. Sd4:, Sd4: 14. Dd4:, Dc5 15. Dc5:, Sc5: 16. Se2 und Weiß steht auf Gewinn (Tarrasch—Teichmann, San Sebastian 1912).

5. e4—e5 h7—h6
6. Lg5—d2 Lb4—c3:

In einer Partie Réti—Vukowicz (Wien 1922) geschah 6. .... Sfd7 7. Dg4, Kf8 8. f4!, c5 9. a3, Lc3: 10. bc, Sc6 11. Dd1, a5 12. Sf3, Db6 13. Tb1, Da7 14. Le3, b6 15. Lb5 und Weiß steht auf Gewinn.

7. b2—c3: Sf4—e4
8. Dd1—g4 ....

Dieser und der folgende Zug gelten als Widerlegung der Mac Cutchon-Variante.

8. .... Ke8—f8
9. h2—h4! Se4—d2:

In der Partie Spielmann—Kieninger (Innsbruck 1922) geschah 9. .... Sc6 10. Ld3, Sd2: 11. Kd2:, Se7 12. Th3, Sf5 13. Se2, h5 14. Df4, g6 15. g4 und Weiß gewann. Etwas besser scheint 9. .... c5 zu sein, was John gegen Te Kolsté im Länderwettkampf

Deutschland—Holland und Tarrasch gegen Thomas im Karlsbader Turnier 1923 zogen. In der erstgenannten Partie geschah: 10. Th3, Sc6 11. Ld3, h5 12. Df4, Sd2: 13. Kd2:, c4 14. Lg6?, De7 15. Df3, Ke8! und Schwarz kam in Vorteil (vgl. Deutsche Schachztg. Juni 1922). Euwe ist aber der Ansicht, daß Weiß mit 14. Le2! (statt Lg6?) in Vorteil kommt.

10. Ke1—d2: f7—f5
11. Dg4—f4 Th8—g8
12. Sg1—f3 g7—g5

Hier versucht Schwarz ein anderes Verteidigungssystem anzuwenden, das aber auch nicht stichhaltig ist.

13. h4—g5: h6—g5:
14. Df4—h2 ....

Gegen das Eindringen der schweren weißen Figuren ist nicht viel zu erfinden. Schwarz versucht daher durch ein Bauernopfer die schweren Figuren zum Abtausch zu bringen, um so im Endspiel einige Remisaussichten zu haben.

14. .... Dd8—e7
15. Dh2—h6† De7—g7
16. Dh6—g7‡ Tg8—g7:
17. Th1—h8† Tg7—g8
18. Th8—g8‡ Kf8—g8:
19. Sf3—g5: Sb8—c6
20. Lf1—e2 Kg8—f8
21. Ta1—h1 ....

Der Figurentausch konnte Schwarz keine Rettung bringen; auch die wenigen noch vorhandenen Figuren genügen, um entscheidend in die schwarze Stellung einzudringen.

21. .... Sc6—d8
22. Th1—h7 c7—c6
23. Le2—h5 ....

Die Stellung ist tragikomisch. Schwarz kann überhaupt keinen wirksamen Zug machen und muß den folgenden Mattangriff wehrlos über sich ergehen lassen.

23. .... a7—a5
24. Th7—c7 ....

Ein Räumungszug.

24. .... b7—b6
25. Sg5—h7† Kf8—g8
26. Sh7—f6† Kg8—f8

27. Tc7—h7! Schwarz gab auf, denn gegen die Mattdrohung Th8† kann Ld7 nur einen kleinen Aufschub bewirken mit der Folge: 27. .... Ld7 28. Sd7‡, K∼ 29. Sf6†, Kf8 30. Th8†, Kg7 (Ke7 31. Te8‡) 31. Tg8†, Kh6 32. Tg6‡.

4.

Der Kongreß des Deutschen Schachverbandes in der Tschechoslowakei in Aussig 1923

A. Kongreßbericht.

Von M. Dörfler.

Zur Feier seines 10 jährigen Bestandes hatte der Deutsche Schachklub Aussig die Verpflichtung übernommen, den 2. Kongreß des Deutschen Schachverbandes in der Tschechoslowakei durchzuführen. In Aussig war der Verband vor zwei Jahren (Ostern 1921) gegründet worden, in Teplitz-Schönau trat er Oktober 1922 zum ersten Male in die Öffentlichkeit, und zwar mit einer großartigen, ja pompösen Aufmachung; denn das für uns immer seltene Schauspiel eines internationalen Meisterturniers, mit dem der Deutsche Schachklub in Teplitz-Schönau-Turn die Kongreßteilnehmer angenehm überraschte, war nicht nur in Anlage und Durchführung ein Volltreffer, sondern trug sehr bedeutend dazu bei, den Verband bekanntzumachen, sein Ansehen nach außen zu steigern und das einzigartige Kongreßbuch hat die Möglichkeit eröffnet, diese Propaganda überallhin zu tragen.

Demgegenüber war die von Aussig übernommene Aufgabe nicht leicht, aber andererseits auch nicht undankbar. Teplitz mit seinem Glanze übertrumpfen zu wollen, kam von Haus aus nicht in Betracht, dagegen konnte das Schwergewicht gerade auf das verlegt werden, was in Teplitz natürlicherweise zurücktrat, nämlich auf die Probe des schachlichen Könnens der Verbandsangehörigen, also insbesondere auf die Hauptturniere. Wer Gelegenheit hat, einen Grünfeld, Réti, Teichmann usw. bei ernster Turnierarbeit zu sehen, wird sich wenig darum kümmern, wie gleichzeitig Schulze, Lehmann, Müller ihre Steine ziehen. In Aussig sollte aber der junge Verband nicht bloß zeigen, wie umfassend seine Organisation in zweijähriger Aufbauarbeit geworden, sondern auch Generalprobe der Spielstärke seiner Turnierfahrer abhalten, einerseits, um die Frage der Verbandsmeisterschaft einen Schritt weiter zu bringen und andererseits, um für den längst geplanten Länderwettkampf des Verbandes entsprechende Auswahl treffen zu können, als deren erster nach Kongreßschluß der mit Sachsen in Dresden steigen sollte (vgl. S. 123). Bedingte auch das hierzu erforderliche Programm eine Kongreßdauer von einer Woche und waren die geistigen und physischen Anstrengungen des Kampfes, namentlich für das sechstägige Hauptturnier A mit 10 Spielern keine geringen, so füllten sich doch die Turnierlisten mit der großen Mehrzahl der besten Kräfte, über die der Verband verfügt, die sich von der langen Dauer der Turniere nicht abschrecken ließen und freudig eine Woche ihres Erholungsurlaubes opferten, was um so mehr bedeutet, wenn man berücksichtigt, daß der Kongreßausschuß nicht in der Lage war, die Turniere mit hohen Preisen auszugestalten. Auch der vom Glück Begünstigste konnte nicht ganz auf seine Kosten kommen, ein Beweis mehr, daß dem spielfreudigen Schachfreund die Befriedigung der Kampfeslust mehr gilt als die Aussicht, einen hohen Preis einzuheimsen.

Weiter wurde in Aussig wohl zum erstenmal der Versuch gemacht, die Turniere kürzerer Dauer erst später beginnen zu lassen, so daß nicht Turnierbeginn, sondern Turnierende zusammenfallen. Leidet dadurch auch allenfalls die Kongreßeröffnung an einer etwas schwächeren Beteiligung, so erwachsen andererseits aber der Turnierleitung wesentliche Erleichterungen; sie kann mit Muße und ohne nervöse Hast ein Turnier nach dem anderen in den Gang bringen und auch die vom Glück verlassenen, der Ausscheidung unterliegenden Spieler (Hauptturnier B) sind eher geneigt, bis zum Kongreßschluß auszuharren, als wenn sie einige Tage unbeschäftigte Zuseher sein müßten. Logischerweise mußte bei dieser Zeiteinteilung die satzungsgemäße Mitgliederversammlung den Kongreß beschließen, die Preisverteilung kann mit ihr verbunden werden, was auch für die Preisträger eine nicht unverdiente Ehrung bedeutet.

Es kann gesagt werden, daß die in Aussig gewählte Form des Kongreßaufbaues im allgemeinen den Beifall der Teilnehmer fand und als Grundlage für die folgenden Verbandskongresse dienen kann.

Der Kongreß wurde am 18. August mit einem Begrüßungsabend eröffnet, zu dem sich alle Teilnehmer des Hauptturnieres A und zahlreiche Schachfreunde aus Aussig und den Nachbarstädten eingefunden hatten. Herr Ing. K. Thierfelder begrüßte als Obmann des Deutschen Schachklubs Aussig mit herzlichen Worten alle Erschienenen, insbesondere Herrn Dr. F. Palitzsch (Dresden) als Vertreter des Deutschen und Sächsischen Schachbundes. Leider hatte der Österreichische Schachverband von seinem Vertreterrecht keinen Gebrauch gemacht; wie wir später erfuhren, war der jugendliche Wiener Meister A. Wolf hierfür in Aussicht genommen, der aber unglücklicherweise im Sommer ein Opfer der Berge geworden. Namens des Verbandes sprach Herr Bezirksrichter Dr. J. Schindler (Petschau), für die Turnierleitung Herr Ing. M. Dörfler (Aussig). Nach Wahl des Schiedsgerichtes wurde folgende Turnierliste verlesen:

1. Karl Baumgartl, Lehrer in Aussig,
2. Dr. Josef Schindler, Bezirksrichter in Petschau,
3. Ing. Hans Gröger in Fischern (Mitglied des Schachklubs Petschau),
4. Friedrich Klieber, Revisionsbeamter in Prag,
5. jur. Otto Trinks in Aussig,
6. Karl Gilg, Lehrer in Mährisch-Ostrau,
7. Bernhard Linhart in Niemes,
8. Dr. Walter Michalitzschke, Prof. in Prag,
9. Dr. med. Friedrich Palitzsch in Dresden,
10. Magister Walter Chmellarz in Teplitz.

Sonntag, den 19. August 8 Uhr früh begann der Kampf; als Turnierbestimmung galt die Erledigung von 3 Partien in 2 Tagen, die Zeit war auf 36 Züge in 2 Stunden beschränkt. Die Besetzung dieses Turnieres war qualitativ sehr gut, als hohe Favorits galten K. Gilg, der Vorkämpfer von Mährisch-Ostrau, der bereits einige namhafte Turniererfolge für sich buchen kann (VII. Preis Oeynhausen 1922, II. Preis Teplitz 1922, II. Preis Mährisch-Ostrau 1923), ferner K. Baumgartl, einer der stärksten Spieler Aussigs und als langjähriger feiner Korrespondenzspieler bekannt, und natürlich noch der Dresdner Meister Dr. F. Palitzsch, der sich schachlich auch noch als einer der bedeutendsten deutschen Problemkomponisten und literarisch als Herausgeber der Deutschen Schachzeitung betätigt. Keiner dieser drei Herren hat die gesetzten Erwartungen enttäuscht. Insbesondere die beiden erstgenannten setzten mit scharfem Tempo ein und hatten sich vor Beginn der letzten Runde so weit vom übrigen Felde getrennt, daß sie nicht mehr eingeholt werden konnten. Das Schlußrennen machte dann Gilg und erstritt so den 1. Preis und den stolzen Titel: Vorkämpfer des Deutschen Schachverbandes in der Tschechoslowakei. Dr. F. Palitzsch kam etwas langsamer in Schwung. Nach Schluß der 5. Runde hatte er nur 2 Punkte aus 5 möglichen, aber von da ab drang er, mit jeder Runde einen ganzen Zähler nehmend, unaufhaltsam zur 3. Stelle vor und erreichte so noch O. Trinks, den 2. Vertreter Aussigs, mit ihm den 3. und 4. Preis teilend. Der jugendliche Rechtskandidat überrascht durch sein vorsichtiges und sicheres Spiel, das ihn vor Nullen gänzlich verschont. In seinem Studienorte Wien hat sich dieser zu schönen Hoffnungen berechtigende Spieler als Mitglied des ‚Deutschen Schachvereins Wien‘ eine gediegene Spielführung erworben, der nur noch etwas mehr Initiative zu wünschen wäre. 5. und letzter Preisträger wurde Dr. J. Schindler, der bewährte Führer der Petschauer Schachgemeinde, ein vortrefflicher Korrespondenzspieler und der unermüdliche Organisator, dessen Wirken dem Verband schon reiche Früchte trug. Bei ihm gleichen sich Glück und Unglück einigermaßen aus (Gewinn gegen Gröger, Verlust gegen Chmellarz, komischerweise hat dann Gröger ebenfalls per nefas an Chmellarz Rache geübt). F. Klieber versagte gegen die drei ersten, während er an die übrigen Teilnehmer höchstens $1/2$ Punkt abgab. Der feinfühlige Teplitzer Komponist Chmellarz schlägt auch im praktischen Spiel eine gute Klinge, erlahmte aber gegen Turnierschluß. Sein Gewinn gegen Dr. Schindler trug ihm den Sonderpreis für das beste Ergebnis gegen die Preisträger ein. H. Gröger ersetzt das, was ihm am theoretischen Wissen mangelt, durch vortreffliche Turniereigenschaften: Ruhe, Zähigkeit und Hartnäckigkeit. B. Linhart ist ein sehr aggressiver gefährlicher Spieler, der nur theoretische Durchbildung und Übung braucht, um weit mehr zu leisten. Der Tabellenletzte schließlich, als Verfasser prächtiger Probleme seit langem bekannt, bekämpft nicht bloß seine Gegner, sondern auch seinen geschwächten Gesundheitszustand. Das heißt auch dem stärksten Meister zuviel zumuten. Immerhin hat er bis zum letzten Atemzuge wacker gestritten und wohl Partien, aber nie die gute Laune verloren, ein Beispiel der Nachahmung wert.

Die nachfolgende Tabelle unterrichtet über weitere Einzelheiten.

Hauptturnier A.

	1	2	3	4	5	6	7	8	9	10	Schlußstand	Preis
1. K. Gilg	—	0	1	$1/2$	1	1	1	1	1	1	$7 1/2$	I. 350 Kč.
2. K. Baumgartl . .	1	—	0	$1/2$	1	1	$1/2$	$1/2$	1	1	$6 1/2$	II. 250 Kč.
3. Dr. F. Palitzsch .	0	1	—	0	0	1	1	1	1	1	6	III. $\frac{200+150}{2}$ Kč.
4. jur. O. Trinks . .	$1/2$	$1/2$	1	—	$1/2$	$1/2$	1	$1/2$	1	$1/2$	6	IV.
5. Dr. J. Schindler .	0	0	1	$1/2$	—	$1/2$	0	1	1	1	5	V. = 100 Kč.
6. F. Klieber	0	0	0	$1/2$	$1/2$	—	$1/2$	$1/2$	1	1	4	
7. W. Chmellarz . .	0	$1/2$	0	0	1	$1/2$	—	0	$1/2$	1	$3 1/2$	
8. Ing. H. Gröger. .	0	$1/2$	0	$1/2$	0	$1/2$	1	—	0	1	$3 1/2$	
9. B. Linhart . . .	0	0	0	0	0	0	$1/2$	1	—	1	$2 1/2$	
10. Dr. W. Michalitschke	0	0	0	$1/2$	0	0	0	0	0	—	$1/2$	

Den von Herrn Sekretär H. Pollak, dem Leiter der „Bohemia" Schachspalte gestifteten Schönheitspreis von 100 Kč. gewann Dr. Palitzsch für seinen eleganten Gewinn gegen Gröger und Linhart.

Das Hauptturnier B, ein Gruppenturnier mit 4 × 4 Spieler begann am 21. August und war einschließlich des Kampfes in der Siegergruppe in 4 Tagen beendet. Trat es auch in seiner Bedeutung gegenüber dem

Hauptturnier A etwas zurück, weil eben fast alle starken Spieler dort die wahre Entscheidung suchten und zudem Gruppenturniere, namentlich bei so kleinen Gruppen zu 4 Mann, dem Zufall viel Spielraum einräumen, so bedeutet es doch für den jungen Brucher Karl Lamprecht, der in seiner (wohl der stärksten) Gruppe Erster wurde und sodann auch in der Siegergruppe an die Spitze kam, im ganzen $5^1/_2$ Punkte aus 6 Partien errang, einen vollen Erfolg, der verdientermaßen mit dem Vorkämpfertitel gelohnt wurde. Er und auch sein Klubkollege F. Funk, der ebenfalls unbesiegt mit K. Schicketanz den 2. und 3. Preis teilte, haben im Länderwettstreit in Dresden wacker ihren Mann gestellt. Den 4. und letzten Preis erstritt Mattusch, der Sieger im Nebenturnier Oeynhausen 1922.

Die Verteilung der Spieler und ihre Erfolge gegeneinander waren:

Gruppe 1.

	1	2	3	4	
1. F. Funk (Bruch)	—	1	1	1	3
2. R. Lippert (Staab)	0	—	$^1/_2$	1	$1^1/_2$
3. W. Urban (Karbitz)	0	$^1/_2$	—	1	$1^1/_2$
4. Dr. Gierth (Petschau)	0	0	0	—	0

Gruppe 2.

	1	2	3	4	
1. K. Lamprecht (Bruch)	—	1	1	1	3
2. H. Liebitzky (Aussig)	0	—	1	1	2
3. O. Haas (Teplitz)	0	0	—	1	1
4. R. Radl (Franzensbad)	0	0	0	—	0

Gruppe 3.

	1	2	3	4	
1. Mattusch (Udwitz)	—	$^1/_2$	1	1	$2^1/_2$
2. J. Schlee (Petschau)	$^1/_2$	—	0	1	$1^1/_2$
3. J. Lamprecht (Bruch)	0	1	—	0	1
4. E. Rosenblatt (Teplitz)	0	0	1	—	1

Gruppe 4.

	1	2	3	4	
1. K. Schicketanz (Niemes)	—	1	1	1	3
2. C. Walter (Gablonz)	0	—	1	1	2
3. F. Ungar (Aussig)	0	0	—	1	1
4. F. Fleischner (Teplitz)	0	0	0	—	0

Siegergruppe.

	1	2	3	4		Preis
1. K. Lamprecht . . .	—	$^1/_2$	1	1	$2^1/_2$	I. 250 Kč.
2. F. Funk	$^1/_2$	—	$^1/_2$	$^1/_2$	$1^1/_2$	II. $\frac{200+150}{2}$ Kč.
3. K. Schicketanz . .	0	$^1/_2$	—	1	$1^1/_2$	III.
4. Mattusch	0	$^1/_2$	0	—	$^1/_2$	IV. 100 Kč.

Ein noch rasch improvisiertes Trostturnier, an dem 4 Herren des geschlagenen Feldes teilnahmen, gewann MUC. Hans Liebitzky (Aussig):

	1	2	3	4		Preis
1. H. Liebitzky . . .	—	1	1	1	3	I. 60 Kč.
2. E. Rosenblatt . . .	0	—	1	1	2	II. 40 Kč.
3. F. Ungar	0	0	—	1	1	
4. W. Urban	0	0	0	—	0	

Auch in zwei Nebenturnieren, die am 22. August begannen, wurde flott gekämpft, hier glänzte die hoffnungsvolle Schachjugend von Petschau und Bruch.

Tagesgruppe:

	1	2	3	4	5	6	7	8	9	10		
1. J. Haberkorn (Petschau)	—	0	1	1	½	1	1	1	1	1	7½	I. Preis
2. Otto Spannbauer (Bruch)	1	—	½	0	1	1	1	1	1	1	7½	II. „
3. Rud. Spannbauer (Bruch)	0	½	—	0	1	1	1	1	1	1	6½	III. „
4. M. Riedl (Niemes) . . .	0	1	1	—	0	1	0	1	1	1	6	IV. „
5. L. Güttner (Aussig) . .	½	0	0	1	—	0	0	1	1	1	4½	
6. Hofhans (Brux)	0	0	0	0	1	—	½	½	½	1	3½	
7. R. Langer (Brux) . . .	0	0	0	1	1	½	—	0	1	0	3½	
8. J. Kunz (Aussig)	0	0	0	0	0	½	1	—	0	1	2½	
9. Melischek (Teichstett) .	0	0	0	0	0	½	0	1	—	1	2½	
10. Jisba (Aussig)	0	0	0	0	0	0	1	0	0	—	1	

Abendgruppe:

	1	2	3	4	5	6		
1. H. Grostbach . . .	—	1	1	1	0	1	4	I. Preis
2. F. Baum	0	—	1	1	1	0	3	II. „
3. K. Sorel	0	0	—	1	1	1	3	III. „
4. F. Stoy	0	0	0	—	1	1	2	
5. A. Müller	1	0	0	0	—	1	2	
6. E. Rumrich . . .	0	1	0	0	0	—	1	

wurde ausschließlich von Aussigern bestritten, die tagsüber ihrem Berufe nachgingen.

Am 23. August abends erfreute uns Herr Dr. Palitzsch durch einen fesselnden Vortrag über ‚Der Reiz des Schachproblems'. Das, was er seiner leider nicht allzu zahlreich erschienenen Zuhörerschaft bot, war nichts weniger als eine knapp umrissene Geschichte der Entwicklung der Schachproblemkunst. Freilich konnte auch nur ein so gewiegter Kenner dieses Gebietes den gewaltigen Stoff meistern. Daran schloß sich ein kleines Lösungsturnier in drei Abteilungen.

1. G. Markus (Wien) 2‡.

10. Kd1, Dg8, Tb6, d8; Lc6, Sc2, g4; Bb2, d4, g6.

9. Kd3, Sd6, Bb7, c4, e4, e7, f6, f7, g3.

Lösungsfrist 5 Minuten; Preis 10 Kč. gewann K. Gilg.

2. Ing. K. Thierfelder (Aussig) 3‡.
10. Ka7; Th6, Lb1, h4; Sc1; Bb3, c4, d5, f3, g2.
9. Ke5; Lg6, Bc3, d6, e3, f7, h7.
Lösungsfrist: 15 Minuten; Preis 15 Kč. gewann Dr. Schindler.

3. J. Selesniew 4. Kh5, Sg6, Bd5, g5. Weiß zieht an und schlichtet
4. Kd6, Lf2, Ba5, c7.
Lösungsfrist: 25 Minuten; Preis 25 Kč gewann W. Chmellarz.

Freitag, den 24. August, nach Schluß der offiziellen Turniere stieg ein fideles Blitzturnier unter zahlreicher Beteiligung. Die Herren Chmellarz und Gilg teilten sich die beiden Preise (eine echte und eine falsche Wurst). Damit fand der schachliche Teil des Kongresses sein Ende. Sonnabend, den 25. August, tagte unter dem Vorsitze des Verbandsobmannes Herrn Viktor Tietz (Karlsbad) die ordentliche Mitgliederversammlung, in der der Turnierleiter Herr Ing. M. Dörfler die Preisverteilung vornahm. Die gut beschickte Versammlung bot das erfreuliche Bild des mächtigen Erstarkens unseres erst zweijährigen Verbandes. Seinem satzungsgemäßen Zwecke, für die Verbreitung des edlen Schachspieles in der deutschen Bevölkerung in der Tschechoslowakei zu wirken, hat der Verband durchaus entsprochen, wie die Gründung zahlreicher neuer Vereine in Gegenden beweist, die bisher Heideland waren. Die finanziellen Verhältnisse des Verbandes sind wohlgeordnete. Allen Herren, die sich in unermüdlicher, unverdrossener Liebe für die jederzeit werktätige Unterstützung des Verbandes einsetzen, dankt der Vorsitzende herzlich, so insbesondere den Schriftleitern der Verbandsspalten in der ‚Bohemia' und im ‚Teplitz-Schönauer Anzeiger', den Herren Sekretär H. Pollak (Prag) und Inspektor J. Schorr (Teplitz). Warme Worte findet auch Herr Obmann Tietz für den Schachklub Aussig, den Veranstalter des so schön und harmonisch verlaufenen Kongresses, der dank der Disziplin der Turnierteilnehmer und vorzüglicher Regie, sich reibungslos abwickelte.

Von allgemeinem Interesse war noch die Mitteilung des Vorstandes, daß unser Frühjahr 1923 verstorbener Gönner, Herr Dr. Josef Lerch (Friedland) dem Verband seine stattliche Schachbücherei testamentarisch vermacht hat, die in der Volksbücherei Aussig zur Aufstellung gelangen soll.

Dem Antrag des Schachklubs Karbitz, ihm den Kongreß 1924 zu übertragen, wird freudig zugestimmt.

B. Ausgewählte Turnierpartien.

Bearbeitet von K. Baumgartl (57, 65), M. Dörfler (47, 54, 72), Dr. F. Palitzsch (45, 48, 49, 51, 52, 55, 56, 59—64, 66, 68—70), Dr. J. Schindler (53, 67, 71) und O. Trinks (46, 50, 58).

I. Hauptturnier A.

Erste Runde, gespielt am 19. August.

Die ernste Turnier- und Kampfstimmung hatte noch nicht alle Spieler erfaßt; so endeten denn die Partien Baumgartl—Chmellarz und Trinks—Gilg nach wenig lebhaftem Spiel mit remis, während Dr. Schindler gegen Dr. Palitzsch, der sich leichtfertig selbst umbrachte, durch solides Spiel einen verdienten Sieg errang. Gröger gewann gegen Dr. Michalitschke. Den härtesten Kampf lieferten sich Klieber—Linhart, nachdem der erste im 24. Zuge eine rasche Entscheidung verpaßt hatte und erst in einer zweiten Sitzung das Spiel für sich entscheiden konnte.

Partie Nr. 45.
Sizilianische Verteidigung.

	Weiß: Dr. Schindler	Schwarz: Dr. Palitzsch
1.	e2—e4	c7—c5
2.	Sg1—f3	e7—e6
3.	d2—d4	c5—d4:
4.	Sf3—d4:	Sg8—f6
5.	Lf1—d3	....

Weiß deckt den angegriffenen Bauern nicht durch Sc3, weil er sich den Zug c4 vorbehalten will. Nicht angängig ist natürlich e5? wegen Da5†.

5.	....	a7—a6
6.	c2—c4	....

Dieser von Maroczy ursprünglich gegen eine andere Variante der Sizilianischen Partie erfundene Zug wird neuerdings auch gegen die hier gespielte Paulsenvariante angewandt. Dr. Tartakower behauptet auf Grund der Partie Spielmann—Tartakower, Wien 1923, daß damit kein Vorteil für Weiß zu erzielen sei.

6.	....	Dd8—c7
7.	0—0	Sb8—c6

8. Lc1—e3 Lf8—d6

Der erste Schritt vom Wege. Anstatt auf verfrühten Angriff zu spielen, sollte Schwarz lieber mit dem natürlichen Zuge d5 für die Befreiung seines Damenflügels sorgen.

9. g2—g3 h7—h5
10. Sd4—f3 Sf6—g4
11. Dd1—e2 h5—h4

Eine weitere Überstürzung, die nach kurzem Feuerwerk den Schwarzen in einer sichtlich unterlegenen Stellung zurückläßt.

12. Sf3—h4: Sg4—h2:
13. Kg1—h2: Th8—h4‡
14. Kh2—g2 Th4—h8
15. Sb1—d2 ....

Weiß hat zum Lohne für sein solides Spiel nunmehr eine gefestigte, weit überlegene Stellung. Schwarz kommt nicht nur mit der Entwicklung seines Damenflügels zu spät, sondern verliert auch noch die offene Turmlinie auf dem Königsflügel. Damit ist bei dem methodischen, nichts überstürzenden Weiterspiel des Weißen der Kampf bereits entschieden und die Kapitulation von Schwarz nur noch eine Frage der Zeit.

15. .... b7—b6
16. Tf1—h1 Th8—g8
17. a2—a3 Lc8—b7
18. Sd2—f3 Ld6—e5
19. Ta1—c1 Ke8—e7
20. b2—b4 Le5—f6
21. b4—b5 Sc6—e5
22. c4—c5! a6—b5:

Schwarz hat keine ausreichende Verteidigung mehr.

23. c5—b6: Dc7—d8
24. Sf3—e5: Lf6—e5:
25. f2—f3 Le5—d6
26. Ld3—b5: Ld6—a3:
27. Tc1—c7 Dd8—b8

Schwarz, der zum Überfluß noch seit etwa 5 Zügen in drängender Zeitnot war, sollte hier lieber aufgeben, denn sein Spiel ist hoffnungslos und wird nunmehr in wenigen, wuchtigen Schlägen zertrümmert.

28. Le3—g5† f7—f6
29. Tc7—d7‡ Ke7—f8
30. Lg5—f4 e6—e5
31. De2—c4 La3—e7
32. Dc4—e6 Schwarz gab auf.

Partie Nr. 46.
Damenbauernspiel.

Weiß:	Schwarz:
Trinks	Gilg

1. Sg1—f3 ....

Eine „moderne" Eröffnungsbehandlung, die dem Weißen Gelegenheit bietet, erst später in die ausgefahrenen Geleise der Theorie einzulenken oder kühn auf eigenem Weg zu gehen.

1. .... d7—d5
2. d2—d4 Sg8—f6
3. Lc1—f4 e7—e6
4. e2—e3 c7—c5
5. c2—c3 Sb8—d7
6. Sb1—d2 Lf8—e7

Auch Schwarz ist vom theoretischen System abgewichen. Üblicher ist es, die Wirkungslinie des Lf4 durch Opposition des Königsläufers auf d6 unschädlich zu machen.

7. Lf1—d3 b7—b6
8. 0—0 Lc8—b7
9. Ta1—c1 ....

Die theoretische Behandlung setzt mit Se5 nebst gelegentlich f4 fort und gilt als scharfe Angriffsspielweise. Angesichts des starken Gegners begnügt sich Weiß aber vorläufig mit der Verteidigung.

9. .... Sf6—e4!

Das zaghafte Spiel des Weißen ermöglicht dem Springer, diesen wichtigen Posten zu beziehen.

10. Dd1—c2 f7—f5!

Ein schwerer Fehler wäre natürlich Sd7—f6 wegen 11. Se4:, de 12. Lb5†, Sd7 13. Se5, Lc8 14. Se6!; aus dem Textzug aber hofft Weiß wegen der Schwächung auf e6 Vorteile zu erlangen.

11. Sf3—e5 0—0
12. h2—h3 ....

Wiederum recht vorsichtig und zaghaft! Warum nicht Sd2—f3? (g7—g5 ist ja wegen Sd7: keine Drohung!).

12. .... Ta8—c8
13. Ld3—e2! ....

Umgruppierung!

13. .... Sd7—f6
14. Sd2—f3 Dd8—e8
15. Dc2—d1 h7—h6?

Schwächt das Feld g6 entscheidend. Aber auch sonst ist die Lage des Schwarzen ziemlich gedrückt.

16. Sf3—d2 Se4—d6?

Ein schwerer Tempoverlust in Zeitnot! Sonst ist der Zug schwer zu verstehen. Vielleicht fürchtet Schwarz den Zug Se4:, denn Schwarz muß nun mit einem Bauern schlagen (auf Se4: könnte Lh5 folgen) und die schwarze Stellung ist nicht gerade erstrebenswert, dennoch ist aber der Textzug offenbar noch schlechter.

17. h3—h4! Sd6—e4
18. Sd2—e4: Sf6—e4:
19. Le2—h5 ....

Mit diesem Zug verzichtet Weiß auf die Durchführung des mit dem 17. Zug eingeleiteten Angriffsmanövers und zieht das sichere Remis dem unsicheren Kampfgetümmel vor. Jedenfalls bot h4—h5 glänzende Aussichten, doch ist es fraglich, ob der weiße Angriff durchdringt.

19. .... De8—d8
20. Se5—g6 Tf8—e8
21. Sg6—e5 ....

An dieser Stelle konnte Weiß versuchen, mit 21. Le5 fortzusetzen, doch setzt Schwarz am besten mit Ld6 fort und kann sich dann ausreichend verteidigen. — Versucht Weiß aber im 21. Zug mit g2—g4 zu stürmen, so könnte 21. g2—g4, La6! 22. Te1, Lh4: 23. Sh4:, Dh4: 24. Le8: Df2‡ 25. Kh1, Dh4† 26. Kg2, fg! 27. Tc2 (oder Dc2), Te8: folgen und Schwarz hat für das Wertopfer 3 Bauern. (Die weißen Züge sind ziemlich erzwungen, da sonst Schwarz leicht remis durch Ewigschach hat. — Falsch wäre natürlich diese ganze Kombination, wenn Weiß nicht g4 gezogen hat, da auf Dh4:, g2—g3 folgt und Schwarz nur einen Bauern für die Qualität bekommt.)

21. .... Te8—f8
22. Se5—g6 Tf8—f7

23. Lf4—e5 ....

Mit Se5 konnte wohl sofort remis durch Zugwiederholung erzwungen werden, da sich Schwarz wohl kaum auf die Fortsetzung Tf6 24. Lg6 nebst Dh5! einlassen kann. — Auf g2—g4 an dieser Stelle gewinnt Schwarz durch die oben angegebene Kombination 2 Bauern für die Qualität (23. g2—g4, La6 24. Te1, Lh4: 25. Sh4:, Dh4: 26. Lf7†, Kf7: 27. Tc2, fg:). — Auf Se7:, Te7: 24. Lg6 spielt Schwarz Lc6 nebst e8.

23. .... Se4—f6

Erzwungen!, da Sf4 droht.

24. Sg6—h8! Tf7—f8

25. Sh8—g6 Tf8—f7

Schwarz hat nichts Besseres. Auf Te8 spielt Weiß Le2 und steht besser.

Remis.

Partie Nr. 47.

Weiß: Schwarz:
Klieber Linhart

Aus einer Caro—Kann-Verteidigung entstand nach dem 22. Zuge von Schwarz folgende Stellung:

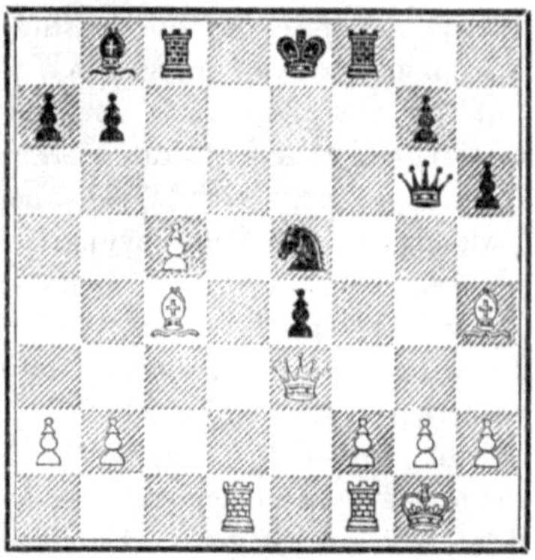

Es folgte:

23. Lc4—b5† Ke8—f7?

Hier mußte Sc6 geschehen, denn nach dem Textzuge konnte Weiß in hübscher Weise die schwarze Dame mit Gewinnstellung fangen: 24. Db3†, De6 25. Td7†, Sd7: 26. Lc4. Weiß spielt aber

24. Lh4—g3? ....

und mußte sich noch 40 Züge lang plagen.

Zweite Runde, gespielt am 19. August.

Die Kampflust ist bereits wesentlich gestiegen und so kamen eine Reihe interessanter, kombinationsreicher Partien zustande: Dr. Michalitschke—Klieber lieferten sich eine spannende Partie, die der Nachziehende schließlich infolge Nachlassens seines Gegners gewinnen konnte; Dr. Palitzsch gewann elegant gegen Gröger; Linhart—Trinks kämpften in zwei Sitzungen erbittert mit wechselndem Glück und Geschick, bis schließlich dem Nachziehenden die Palme zufiel; auch die Partie Baumgartl—Schindler ergab einen hartnäckigen, anstrengenden

Kampf, in dessen Verlauf der Nachziehende, der sich französisch verteidigte, durch feine Verteidigung drohendes Verderben abwandte, aber schließlich doch noch verlor. Nur Chmellarz gestattete in einem Nordischen Gambit seinem Gegner Gilg einen leichten Sieg. Stand: Klieber 2, Baumgartl, Gilg, Trinks 1½, Gröger, Dr. Palitzsch, Dr. Schindler 1, Chmellarz ½, Linhart, Dr. Michalitschke 0.

Partie Nr. 48.
Damengambit.

Weiß:	Schwarz:
Dr. Michalitschke	Klieber
1. d2—d4	d7—d5
2. Sg1—f3	Sg8—f6
3. Lc1—f4	e7—e6
4. e2—e3	Lf8—d6
5. Lf4—g5	Sb8—d7
6. c2—c4	c7—c6
7. Sb1—c3	0—0
8. Lf1—d3	....

Hier kam e4 in Betracht.

8. .... Dd8—e8

Dieser Versuch, e5 baldigst durchzusetzen, führt nur zu schweren Tempoverlusten, indem die schwarze Dame in der Folge zu früh ins Spiel kommt und mehrfach ums ganze Brett gewirbelt wird. Weiß behandelt das folgende recht gut.

9. Dd1—c2	d5—c4:
10. Ld3—c4:	e6—e5
11. d4—e5:	Ld6—e5:
12. Sf3—e5:	De8—e5:
13. Lg5—f4	De5—h5
14. Lc4—e2	Dh5—a5
15. 0—0	Tf8—e8
16. a2—a3	Sd7—f8
17. b2—b4	Da5—d8
18. Ta1—d1	Dd8—e7
19. Le2—c4	Sf6—h5
20. Lf4—d6	De7—h4
21. Lc4—d3	h7—h6
22. Sc3—e2	Sf8—e6
23. Ld3—f5	Dh4—f6
24. g2—g4!	....

Kühn, aber anscheinend korrekt! Es ergibt sich nun ein scharfes Kombinationsspiel, das von beiden Seiten vorzüglich behandelt wird. Weiß gewinnt eine Figur, setzt sich aber einem gefährlichen Angriff aus, den er jedoch unter Rückopfer der Qualität geschickt pariert, so daß er schließlich mit zwei leichten Figuren gegen den Turm in Gewinnstellung aus dem Treffen hervorgeht.

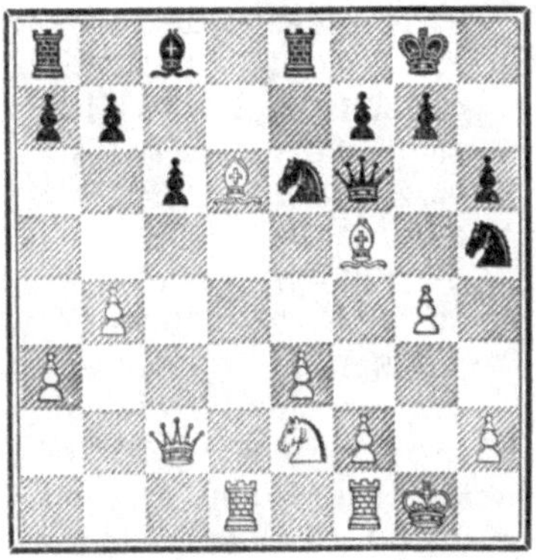

24.	Se6—g5
25. Lf5—c8:	Df6—f3
26. g4—h5:	Ta8—c8:
27. Sc2—f4	Te8—e4!

28. Tf1—e1 ....

Es drohte Tf4: nebst Sh3‡.

28. .... Tc8—e8!

Nimmt die Drohung Tf4: (nebst Sh3† und Dh1‡) wieder auf.

29. Sf4—g2 Df3—h3!

30. Ld6—g3! ....

Weiß verteidigt sich gegen die versteckten Drohungen ausgezeichnet. Will Weiß die Qualität behaupten, so kommt er in Verluststellung, z. B. 30. Te2? (Kf1 ergibt mit Zugumstellung dasselbe), Sf3† 31. Kf1 (Kh1?, Tg4 32. Tg1, Sg1: oder 32. Lg3, Tg3:), Tg4 32. Lg3, Sh2‡ 33. Lh2: (K∼?, Sf3† 34. Kf1, Dh1‡), Dh2: und gewinnt.

30. .... Sg5—f3†

31. Kg1—h1 Sf3—e1:

Schwarz muß sich nun mit dem Rückgewinn der Qualität gegen die verlorene Figur begnügen, denn auf Tg4 wird Sf4! folgen.

32. Td1—e1: Dh3—h5:
33. Dc2—e2 Dh5—e2:
34. Te1—e2: Te8—d8
35. f2—f3 Te4—c4
36. Lg3—e1 Tc4—c1
37. a3—a4 Td8—d1
38. Kh1—g1 c6—c5
39. b4—c5: Tc1—c5:
40. Kg1—f2 Td1—a1
41. a4—a5 b7—b6

Schwarz sucht sehr richtig seine einzige Gegenchance, den Mehrbauern auf dem Damenflügel, zur Geltung zu bringen. Bei richtigem Gegenspiel wäre er trotzdem verloren.

42. a5—b6: a7—b6:
43. Te2—b2 b6—b5
44. Le1—b4 Tc5—c4
45. Sg2—f4 ....

Besser wäre Le2, worauf Schwarz nicht viel machen kann.

45. .... Tc4—c1
46. Sf4—e2 Tc1—f1†
47. Kf2—g3 Ta1—b1
48. Lb4—c3 Tb1—b2:
49. Lc3—b2: b5—b4
50. Lb2—d4 Tf1—d1
51. Kg3—f2 b4—b3
52. Ld4—c3 Td1—b1
53. Kf2—g3 ....

Weiß, der bis zum 45. Zuge sehr gut gespielt hat, hat bereits in den letzten Zügen infolge Übermüdung mehrfach schwache Züge gemacht, so daß sein findiger Gegner den Spieß umdrehen und sich eine Gewinnstellung verschaffen konnte. Der Textzug bezweckt, den König auf f4 gegen die Drohung b2 nebst T† sicherzustellen. Doch darauf hat Schwarz wieder eine andere hübsche Fortsetzung.

53. .... b3—b2
54. Kg3—f4 Tb1—e1!

Besser als Td1 55. Lb2, Td2 56. Lg7:!.

55. Lc3—b2: Te1—e2:
56. Lb2—e5 Te2—h2:
57. Kf4—g3 Th2—h5
58. f3—f4 Th5—e5:

Kurz und schmerzlos.

59. f4—e5: Kg8—f8
60. Kg3—f4 Kf8—e7
61. Kf4—f5 g7—g6†

Weiß gab auf. Eine sehr interessante Partie!

Partie Nr. 49.
Caro-Kann-Verteidigung.

Weiß:		Schwarz:
Dr. Palitzsch		Gröger
1.	e2—e4	c7—c6
2.	d2—d4	d7—d5
3.	Sb1—c3	....

Neuerdings gilt als das Beste an dieser Stelle 3. ed, cd 4. c3 mit der Fortsetzung Sc6 5. Ld3, e5 6. de, Se5: 7. De2, De7 8. Lb5† oder 5. .... Sf6 6. Lf4, e6 7. Sf3. Die Fortsetzung 3. e5 ist durch Niemzowitschs Gegenspiel Lf5 4. Ld3, Ld3: 5. Dd3:, e6 6. Sf3. Db6 7. 0—0, Da6 wieder etwas aus der Mode gekommen.

3.	....	d5—e4:
4.	Sc3—e4:	Lc8—f5

Etwas besser scheint zu sein: Sf6 5. Sf6:, ef 6. Lc4, Ld6 7. Se2, Dc7 8. Le3, 0—0 9. Dd2, Sd7 10. Lf4 nebst 0—0.

5.	Se4—g3	Lf5—g6
6.	Lf1—c4	....

Üblicher ist hier Sf3.

6.	....	e7—e6
7.	Sg1—f3	Lf8—d6
8.	Lc1—g5	Sg8—e7
9.	Dd1—e2	Sb8—d7
10.	0—0	h7—h6
11.	Lg5—h4	0—0?
12.	Lc4—e6:!	....

Ein überraschendes Opfer, noch im Entwicklungsstadium.

(S. Stellungsbild.)

12.	....	Ld6—g3:

Auf fe folgt natürlich De6‡ nebst Dd6:.

13.	f2—g3:	f7—e6:

Stellung nach dem 12. Zuge von Weiß.

14.	De2—e6‡	Tf8—f7

In Betracht kam Lf7 mit der Fortsetzung 15. De7:, g5 16. Lg5:, hg 17. Dg5‡ und Weiß hat vier Bauern für die geopferte Figur. Weiß hätte aber auch 16. Dd6, Sf6 17. Dd8:, Td8: 18. Sg5:, hg 19. Lg5:, S~ 20. Ld8:, Td8: spielen können mit Gewinnstellung.

15.	Lh4—e7:	Dd8—e7:
16.	De6—g6:	....

Nun hat Weiß zwei Bauern gewonnen und der Ausgang der Partie ist nicht mehr zweifelhaft.

16.	....	Tf7—f6
17.	Dg6—d3	Sd7—b6
18.	Tf1—e1	De7—c7
19.	Te1—e4	Ta8—f8
20.	Ta1—e1	Sb6—d5
21.	c2—c4	Sd5—b4
22.	Dd3—b3	c7—c5
23.	d4—d5	Tf6—b6
24.	Te4—e7	Dc7—d8
25.	Db3—c3	Tb6—f6
26.	Te7—b7:	Sb4—a2:
27.	Dc3—a3	Sa2—b4
28.	Te1—e7	Tf8—f7

29. Te7—f7: ....

Am einfachsten. Auf Da7: hätte Schwarz noch Verwicklungen schaffen können mit Sc6! 30. Tf7:! (30. dc?, Dd1† 31. Te1, De1‡ 32. Se1:, Tf1‡ oder 31. Kf2, Tf3‡ 32. gf, Tf3‡ 33. Kg2, Df1‡), Sa7: 31. Tg7‡, Kf8 32. Ta7:, De8 usw.

29. .... Tf6—f7:
30. Tb7—f7: Kg8—f7:
31. Da3—a7‡ Dd8—e7
32. Sf3—e5† Kf7—f6
33. Da7—e7‡ Kf6—e7:
34. Se5—c6† Sb4—c6:
35. d5—c6: ....

Schwarz gab das haltlose Endspiel auf. Für diese Partie in Gemeinschaft mit Partie Nr. 61 erhielt der Führer der Weißen den Schönheitspreis.

Partie Nr. 50.

Weiß: Linhart — Schwarz: Trinks

Aus einem Damenbauernspiel ergab sich nach dem 31. Zuge von Schwarz folgende Stellung:

Die Partie verlief weiter, wie folgt:

32. h2—h4 ....

Schwarz hat zwar die Qualität mehr für einen Bauern, doch ist die Wirkungskraft der Türme angesichts der starken Zentrumsstellung von Weiß sehr eingeschränkt und es ist daher nicht zu sehen, wie Schwarz bei richtiger Verteidigung von Weiß gewinnen könnte. Das gleiche gilt aber auch umgekehrt, obzwar die Gewinnversuche von Weiß immer gefährlich sind und die höchsten Anforderungen an die schwarze Verteidigungskunst stellen. — Der Partieverlauf zeigt, daß beide Gegner auf Gewinn spielen, ohne allzusehr auf die eigene Sicherheit bedacht zu sein, so daß schließlich statt des theoretischen „Schlicht" der letzte Bock entscheidet.

32. .... Ta8—c8
33. Se4—g3 Td8—d6

Ein Versuch, mit b6—b5 in Vorteil zu kommen, ist schlecht. Weiß kann sich ruhig auf 34. c5, Tc5:! 35. dc, Lb2: einlassen, nur setzt er jetzt am besten mit Tg2! fort. (Auf Tb1 spielt Schwarz La3 36. b4, a5! 37. ba, Lc5: 38. Tb5:, Le3: und steht günstiger.) Wollte Weiß diese Fortsetzung vermeiden, so käme er nach 34. cb in Nachteil, denn es folgt Tc2 35. La3, Ta2:! 36. Lc7:, Te8 37. Lc5, Te3:.

34. Kh1—g2 Lg7—f6

Besser wäre es wohl, sich den Läufer zu erhalten und zunächst mit f7—f5 das weiße Bauernzentrum festzulegen. Diese Unterlassungssünde nützt Weiß gut aus und verhindert dieses Manöver ein für allemal. — Der Zug 34. .... e7—e5 scheitert an 35. La3!. (Nicht etwa erst nach 35. fe:?, Le5: 36. La3?, Lg3:! 37. Ld6:, Ld6:.)

35. Sg3—e4 Td6—e6
36. Se4—f6: Te6—f6:
37. Kg2—f3 ....

Der Versuch 37. d5 muß mit Td6 38. La3, Td7 nebst gelegentlich e7—e6 beantwortet werden, das zum remis genügt. Falsch wäre aber 37. .... Tf5? wegen 38. Kg3!, b5 39. e4, Tb5 40. Tc1! und Weiß steht auf Gewinn.

37. .... Tf6—d6
38. e3—e4 f7—f6
39. Kf3—e3 ....

Würde sofort e4—e5 geschehen, so könnte 39. .... fe 40. fe, Tf8† 41. Ke4, Td8 folgen und Schwarz hat eine wertvolle Linie besetzt. (Nicht so gut wäre 39. .... Td8 wegen 40. e5—e6! usw.) Eine interessante Fortsetzung ist auch 39. d5?, b5! 40. La3, Ta6 41. Le7:, bc 42. d6, cb! 43. d7, Tc3!† und gewinnt.

39. .... Kg8—f7
40. e4—e5 Td6—d8

Nicht so günstig ist 40. .... fe wegen 41. fe, Td8 42. Tf1†!.

41. Ke3—e4 f6—e5:
42. f4—e5: Td8—f8
43. Lb2—c1 Kf7—e8
44. Lc1—f4 ....

Hier hätte Weiß mit h4—h5 ein sehr interessantes Gewinnmanöver versuchen können. Gefährlich wäre für Schwarz auf 44. h4—h5!, Tf2 wegen 45. Lg6:, hg 46. Tg6:, Ta2? 47. e6!, Tf2 48. Lh6, Kd8 49. Lf4, T:L 50. Kf4: und Weiß ist im Vorteil oder 44. .... gh 45. e6, Tf6 46. Tg8†, Tf8 47. Tg7 usw. oder 44. .... Tg8 45. e6 nebst Lf4 usw. mit dem Plan, die Bauern des Damenflügels zum Vormarsch zu bringen, während Schwarz ganz eingeschnürt ist. — Übrigens steht auch nach 44. e5—e6 Weiß ganz ausgezeichnet. Der Textzug ist ohne Kraft.

44. .... Tf8—f5

Der Turmtausch ist nicht besonders gut, obgleich damit das Remis noch nicht aus der Hand gegeben ist. Besser ist 45. d4—d5. Schwarz darf nicht e7—e6 ziehen wegen 46. de, Ke7 47. Td1, Ke6: 48. Td6†, Ke7 49. Lg5†, Ke8 50. e6 (droht e7), Tf1 51. Td7, Te1† 52. Kf3, Te6: 53. Th7: usw., sondern spielt am besten b6—b5!!. Falls nun 46. cb, folgt Tc2 47. a4 (falls e6 kommt: Te2† 48. Kd3, Ta2: oder 48. Le3, Th2 49. Lh5, h6!), Tb2 48. Tg3, Th2 49. Tg4, Tb2=, oder 45. .... b5 46. cb:, Tc2 47. a4, Tb2 48. Tc1, Tc3: 49. e6, Tb4† 50. Kf3, Td5∓; oder 47. a4, Tb2 48. Le3, Tb3: 49. La7:, Tb4† 50. Kd3, Ta4: 51. b6, Te5: 52. Tb1, Td5‡ 53. Ke3, Td8! 54. b7, Ta7: usw.

45. .... Tf5—g5:
46. h4—g5: e7—e6
47. Lf4—c1 Ke8—d7
48. Lc1—a3 Tc8—h8

49. d4—d5? ....

Entscheidend! Es mußte unbedingt Lc1 geschehen und falls Tf8 folgt 50. Lf4. Schwarz hat keine Einbruchsstelle und Weiß kann genügend Widerstand leisten. Schwarz wird im folgenden versuchen, am Damenflügel durchzukommen, doch nützt dies nichts. Z. B. 48. .... Th8 49. Lc1, Tf8 50. Lf4, a6 51. a4, b5 52. ab, ab 53. cb remis; oder 50. .... Tb8 51. a4!. Weiß konnte also noch immer die Partie einfach remis halten!

49. .... h7—h5!

Falsch wäre natürlich ed, da nach 50. cd die beiden Bauern zu stark sind.

50. c4—c5 ....

Auch gh hilft nicht mehr, obwohl es längeren Widerstand leistet. Z. B.

I. 50. gh, Th6: 51. Kf4, Th2 52. Kg5, Ta2: 53. Lc1!, Tg2† 54. Kf6, Tg3 55. Lg5, Tb3: 56. Kf7, Tf3† 57. Lf6, ed (hätte Weiß im 56. Zug de gespielt, so wäre Ke8 gefolgt) 58. e6†, Kd6 und Schwarz opfert den Turm für den e-Bauern und gewinnt mit ab.

II. .... 51. Lc1, Th1 52. Le3, Ta1 usw. ∓

III. 50. gh, Th6 51. Kf4, Tb2 52. Kg5, Ta2: 53. Lc1, Tg2† 54. Kf6, Tg3 55. b4, Tc3! (nicht Tg4 wegen Kf7!!) 56. Lg5 (auf Kf7 würde Tc1: 57. de, Kc7 folgen), Tc4: 57. Kf7, ed 58. e6†, Kc6 und gewinnt.

50.	....	e6—d5‡
51.	Ke4—d5:	b6—c5:
52.	e5—e6†	Kd7—e8
53.	La3—c5:	Th8—h7
54.	Kd5—e5	h5—h4
55.	Lc5—g1	h4—h3
56.	Lg1—h2	....

Auch Kf6 hilft natürlich nicht. Es folgt einfach: 56. Kf6, h2 57. Lh2:, Th2: 58. Kg6:, Ta2 und gewinnt leicht.

56.	....	Ke8—e7
57.	Ke5—d5	Th7—h5
58.	Lh2—d6†	Ke7—e8

Weiß gab auf.

Dies Schlußspiel ist ein Zeugnis von dem, was man alles in der Partie nicht sieht!

Dritte Runde, gespielt am 20. August.

Gilg gewann eine konsequent durchgeführte Partie gegen Linhart, der in äußerst verwickelter Lage zu zaghaft spielte. Klieber unterlag in einer positionell interessanten Partie gegen Dr. Palitzsch. Der hartnäckige und wechselvolle Kampf zwischen Dr. Schindler und Chmellarz endete mit dem Siege des letzten, da Weiß, der erst auf Gewinn stand, schließlich durch ein mehrzügiges Matt sich überrumpeln ließ. Die beiden übrigen Partien wurden remis, jedoch in ganz verschiedenartiger Weise:

während Trinks—Michalitschke nach kurzem zurückhaltenden Spiel schnell Frieden schlossen, geriet Gröger gegen Baumgartl zunächst in Verluststellung, arbeitete sich aber dann, ein Nachlassen seines Gegners benutzend, zähe zu einem Remis durch. Stand: Gilg $2^{1}/_{2}$, Baumgartl, Klieber, Dr. Palitzsch, Trinks 2, Chmellarz, Gröger $1^{1}/_{2}$, Dr. Schindler 1, Dr. Michalitschke $^{1}/_{2}$, Linhart 0.

Partie Nr. 51.

Damengambit.

	Weiß: Gilg	Schwarz: Linhart
1.	d2—d4	Sg8—f6
2.	Sg1—f3	d7—d5
3.	c2—c4	e7—e6
4.	e2—e3	c7—c5

Damit setzt sich Schwarz der Gefahr des vereinzelten Damenbauern aus, um dessen Gewinn und Verteidigung sich von nun an das ganze Spiel dreht.

5.	c4—d5:	e6—d5:
6.	Lf1—e2	Sb8—c6
7.	0—0	c5—d4:
8.	Sf3—e4:	Lf8—e7
9.	b2—b3	0—0
10.	Lc1—b2	....

Damit ist zunächst einmal das Vorrücken des d-Bauern verhindert. Nun wird der Bauer selbst aufs Korn genommen.

10.	....	Sc6—d4:
11.	Dd1—d4:	b7—b6
12.	Le2—f3	Lc8—b7
13.	Sb1—c3	Dd8—d7
14.	Tf1—d1	Tf8—d8
15.	Td1—d2	Le7—c5

Schwarz kann dem drohenden weiteren Angriff durch Tad1 keine nochmalige Deckung entgegenstellen und muß daher zu anderen Verteidigungsmitteln greifen.

16.	Dd4—h4	Dd7—f5
17.	Ta1—d1	Td8—d7
18.	e3—e4	....

Damit ist eine äußerst komplizierte Stellung entstanden, die einen ganzen Rattenschwanz von verzwickten Kombinationen enthält, die am Brett kaum zu entwirren sind. Schwarz zieht es denn auch vor, der Sache aus dem Wege zu gehen und seinen Bauern fahren zu lassen, womit er freilich langsam, aber sicher verliert. Mit de! hätte er seinen schwachen Bauern abtauschen und Ausgleich erlangen können, z. B. 19. Td7:!, Sd7: 20. Se4: (Le4:, Le4: 21. Se4:, Te8), Se5! (bedenklicher sieht aus: Le4: 21. Le4:, Lf2‡ 22. Df2:, De4: 23. Td7:, Db1† 24. Df1, Db2: 25. Df7‡, Kh8) 21. Le5: (Sf6†?, gf 22. Lb7:, Sg4! und gewinnt), De5: 22. Sc5: (Sf6†, gf 23. Lb7:, Te8), Lf3: 23. Sd7, De2 24. Tf1, Lc6 und Schwarz hat nichts zu fürchten.

Spielt Weiß im 19. Zuge nicht Td7:, so verliert er sogar, z. B. 19. Le4:, Se4:! 20. Se4:, Td2: 21. Sd2: (Td2:, Le4:), Dc2! und gewinnt, oder 19. Se4:, Se4:! 20. Le4: Td2:! 21. Td2:, Le4: und gewinnt.

18. .... Df5—g6
19. e4—e5! Sf6—e8
20. Sc3—d5: Lb7—d5:
21. Td1—d5: Td7—d5:
22. Lf3—d5: Ta8—c8

Mehr Schwierigkeit hätte wohl Dc2 bereitet.

23. Ld5—e4 Lc5—f2†

Verzweiflung!

24. Kg1—f2: Tc8—c2†
25. Kf2—g1 Tc2—g2†
26. Le4—g2: Dg6—c2
27. Td1—d8 Dc2—b1†
28. Lg2—f1 Schwarz gab auf.

Partie Nr. 52.

Réti-Verteidigung.

Weiß:	Schwarz:
Klieber	Dr. Palitzsch

1. d2—d4 Sg8—f6
2. Sg1—f3 g7—g6
3. g2—g3 Lf8—g7
4. Lf1—g2 d7—d6
5. Lc1—g5 Sb8—d7
6. Sb1—d2 0—0
7. 0—0 Dd8—e8

Angängig wäre hier bereits e5 8. de, de 9. Se4, De8. Schwarz zieht jedoch zuerst De8 und entfernt im nächsten Zug seinen Springer von f6, weil er seinen e-Bauern im Zusammenhang mit dem f-Bauern vorstoßen will.

8. c2—c3 Sf6—g4
9. h2—h3 Sg4—h6
10. Dd1—c1 ....

Droht Sd4. Diese Drohung wird jedoch von Schwarz leicht unterbunden, worauf die Dame auf c1 schlecht steht.

10. .... f7—f6
11. Lg5—h6: ....

Auf Le3 folgt Sf5 12. Sb3 (Sd4?, d5), Sb6 zum Vorteil von Schwarz.

11. .... Lg7—h6:
12. e2—e3 e7—e5
13. Dc1—c2 Sd7—b6
14. Ta1—e1 Lc8—e6
15. b2—b3 ....

Um das Feld c4 zu behaupten.

15. .... De8—d7
16. Kg1—h2 Ta8—e8
17. e3—e4 Dd7—d8

Schwarz kann gerade rechtzeitig seine Aufstellung vollenden.

18. d4—d5 ....

Nach diesem Abschluß der Stellungen bleibt Schwarz infolge der besseren Manöverierfähigkeit seiner leichten Figuren im Vorteil.

18. .... Le6—c8

(S. Stellungsbild.)

19. Sf3—h4? ....

Weiß ist bereits in einiger Verlegenheit, einen Plan zu fassen. Der Versuch, mit dem Textzug die

Stellung nach dem 18. Zuge von Schwarz.

leichten weißen Figuren zur Wirkung zu bringen und gleichzeitig dem drohenden Vorstoß des schwarzen f-Bauern zu begegnen, ist ein Fehler, wie von Schwarz nachgewiesen wird. Sg1 wäre in Frage gekommen, doch auch dann steht Schwarz überlegen.

19.	....	f6—f5!
20.	e4—f5:	g6—g5!
21.	Sh4—f3	Lc8—f5:
22.	Dc2—b2	Lf5—d3
23.	Tf1—g1	e5—e4
24.	Sd2—e4:	....

Noch am besten, denn nach Sd4 bricht die weiße Stellung sofort zusammen durch Tf2: mit der Drohung g4 usw.

24.	....	Ld3—e4:
25.	Te1—e4:	Te8—e4:
26.	Sf3—g5:	Dd8—g5:
27.	Lg2—e4:	....

Weiß hat nun zwar 2 Bauern für die Figur herausgeschlagen, kommt jedoch nicht mehr zum Spiel, da Schwarz unter Abtausch seinen Gewinn klarstellen kann.

27.	....	Dg5—d2
28.	Db2—d2:	Lh6—d2:
29.	f2—f4	Tf8—e8

Schlechter wäre Lc3: wegen Tc1.

30.	Tg1—g2	Ld2—c3:
31.	Le4—f3	Te8—e3

Weiß gab auf.

Partie Nr. 53.

Spanische Partie.

Weiß:	Schwarz:
Dr. Schindler	Chmellarz

1.	e2—e4	e7—e5
2.	Sg1—f3	Sb8—c6
3.	Lf1—b5	a7—a6
4.	Lb5—a4	Sg8—f6
5.	0—0	Lf8—e7
6.	Tf1—e1	b7—b5
7.	La4—b3	d7—d6
8.	c2—c3	Sc6—a5
9.	Lb3—c2	c7—c5
10.	d2—d4	Dd8—c7

Bisher sind die aus vielen Meisterpartien bekannten besten Eröffnungszüge geschehen (Handb., 8. Aufl., Span. Partie, § 13, Var. 62 bis 67). Mit dem Zuge

11.	a2—a4	....

lenkt Weiß in eine, von Balla angegebene, noch recht ungeklärte Spielweise ein.

11.	....	b5—b4
12.	c3—b4:	c5—b4:
13.	h2—h3	....

Balla schlägt hier 13. b3 nebst Lb2, Sbd2, Ld3, Tc1 mit trefflichem Spiele für Weiß vor. Tatsächlich erlangte der Schachverein Petschau in einer Fernpartie gegen

Meister Grünfeld 1920/21 nach 13. b3, 0—0 14. Lb2, Sd7 15. Sbd2, Lf6 16. Tac4, Lb7 17. Ld3, Db6 18. Sc4, Sc4: 19. Lc4:, Tfe8 20. de, Se5: 21. Se5:, de 22. Dh5 die bessere Stellung (Teplitz-Schönauer Anzeiger vom 1. Januar 1922) und eine Fernpartie des Aussiger gegen den Dresdner Schachverein 1920/21 nahm folgenden Verlauf: 13. b3, Lg4 14. Ld3, 0—0 15. Le3, Sd7 16. Sbd2, Db7 17. Se4, Sc4: 18. Lc4:, Sb6 19. Ld3, f5 20. de, fe 21. Le4:, De4: 22. Lb6:, Dc6 23. Sd4!, Db6: 24. Dg4:, de 25. Sf5, Df6 26. Se7:, De7: (Dresdner Anzeiger vom 18. Dez. 1921). Der Textzug verhindert die lästige Fesselung des Sf3 durch Lg4.

13. .... Lc8—d7

Offenbar besser als 13. .... Sc6, was in einer Partie K. Emmrich—Marx (Gruppenhauptturnier des Hamburger Schachkongresses, 20. Juli 1921) mit der Fortsetzung 14. Le3, 0—0 15. Sbd2, Sfd7 16. Tac1, Sa5 17. Ld3, Dd8 18. Sf1, Lf6 19. Sg3, g6 ± geschah.

14. Lc1—e3 ....

Nicht gut. Schwarz hat Gelegenheit, den untätigen Springer auf a5, der ohnehin nur schwer ins Spiel zu bringen ist (vgl. obige Partie Emmrich—Marx), gegen den starken Damenläufer des Gegners abzutauschen.

14. .... Sa5—c4
15. b2—b3 Sc4—e3:
16. Te1—e3: 0—0
17. d2—c4 Sf6—h5

Genau berechnet; Schwarz zieht aus dem Umstand Vorteil, daß Lc2 nur von der Dame geschützt ist. Daher

18. Sa2—c4 ....

drohend, nunmehr mit Sf3—e5: fortzusetzen. Aber nach

18. .... f7—f6!

ist 19. Sfe5: wieder nicht zulässig, weil Schwarz mit 19. Sfe5:, fe 20. Dh5:, ed eine mächtige Angriffsstellung erlangt (oder auch 19. de, de 20. Se5:, fe 21. Dh5, Tf4!).

19. Dd1—d2 a6—a5
20. Ta1—d1 Tf8—d8

Weil jetzt der Anziehende die Möglichkeit sah, Figurengewinn zu erzielen oder den feindlichen König aus der Rochadestellung zu bringen, löste er mit

21. d4—e5: d6—e5:

die Spannung im Zentrum und drohte mit

22. Dd2—d5† ....

bei evtl. 22. .... Kh8 mit 23. Df7. Aber nach

22. .... Kg8—f8

sah sich die Dame zum Rückzuge gezwungen, der dem Gegner außerdem noch Bauerngewinn einbringt. Nach der Partie wurde behauptet, Weiß hätte den Angriff unter Opferangebot aufrecht erhalten können. Mit Unrecht. Man erwäge:

a) 23. Sd6, Le8 24. Se8:, Dc2 ∓.

b) 23. Se5:, fe 24. Se5., Le8 25. Tf3†, Sf6 ∓ (25. Sg6†, Lg6).

c) 23. Sg5, fg 24. Se5:, Le8 ∓.

23. Dd5—d2 Ld7—a4:
24. Dd2—c1 La4—b5

Damit beginnt der 2. Teil der Partie. Schwarz hat einen zum

Gewinn ausreichenden Vorteil in seinem Mehrbauern auf dem Damenflügel. Die nächsten Züge bezwecken, ihn geltend zu machen. Vielleicht war aber schon hier Lf8 stärker.

25. Lc2—d3 Sh5—f4

Natürlich vermeidet Schwarz, den Lb5 gegen Sc4 zu tauschen, weil dann Läufer von ungleicher Farbe mit Remisaussichten für Weiß bleiben.

26. Ld5—f1 Td8—d1:
27. Dc2—d1: Ta8—d8
28. Dd1—c2 Sf4—e6
29. Dc2—a2 Td8—a8
30. Te3—e1 Sb5—c6
31. Da2—c2 Se6—c5

Schwarz konzentriert in planmäßiger Weise seine Streitkräfte gegen die schwachen Punkte a4 und e4. Der Vorstoß des Ba5 ist nicht mehr aufzuhalten und dadurch wird Bb4 frei.

32. Sc4—b2 Dc7—b7
33. Sf3—d2 a5—a4
34. b3—a4: Sc5—a4:
35. Sb2—a4: Lc6—a4:
36. Dc2—b2 La4—e8
37. Tf1—c1 Ta8—a4

Hier kann sich der Turm nicht behaupten und wird bald mit Tempogewinn zurückgetrieben. Es empfahl sich, den Turm aus der Ferne wirken zu lassen und Lf7 zu spielen.

38. Lf1—c4 Db7—a7

Jetzt ging 38. .... Lf7 nicht mehr wegen 39. Lf7:, Kf7: 40. Db3†.

39. Lc4—b3 Ta4—a6
40. Sd2—c4 Lf8—a4

Im Bestreben, den Läuferabtausch herbeizuführen, übersieht Schwarz den Einbruch in sein Heerlager.

41. Sc4—e3 La4—b3:
42. Tc1—c8† Kf8—f7
43. Db2—b3‡ Kf7—g6
44. Se3—f5 Ta6—a3

Um das Dauerschach auf g3 und b3 zu verhindern; aber Weiß denkt jetzt schon an Gewinn.

45. Db3—e6 Le7—c5

Damit ist eine sehr kombinationsreiche Stellung erreicht. Mit sofort 46. Tg8 konnte Weiß gewinnen, weil dem Schwarzen kein Zug zu Gebote steht, der seine Angriffsstellung verstärkt. Dagegen hatte auch Schwarz mit Lf2‡ einen nicht ungefährlichen Angriff. Interessant ist 46. .... Lf2‡ 47. Kh2, Df7 48. De8, De8: 49. Tg7‡, Kh5 50. g4‡. Ferner 46. .... Lf2‡ 47. Kh2, b3 48. Tg7‡, Dg7: 49. Sg7:, Lg3† 50. Kg3:, b2† nebst b1D aber Weiß spielt besser 48. Se7†, worauf nach De7: 49. De7: der Ta3 angegriffen ist und nach

48. .... Kh6 49. Df6‡, gf 50. Sf5† nebst 51. g4‡. Um Zeit zur Durchrechnung aller Wendungen zu finden, spielte Weiß

46. Sf5—h4† Kg6—h6
47. Sh4—f5† Kh6—g6

Mit 47. .... Kg5, wie im 47. Zuge geschah, stellt Weiß das Remis sicher. Jetzt aber hätte der Anziehende wieder wie im 46. Zuge Gelegenheit gehabt, Tg8 zu spielen.

48. Sf5—h4† Kg6—h6
49. Sh4—f5† Kh6—g5
50. Tc8—g8 Le5—f2‡
51. Kg1—h2 Lf2—g1†
52. Kh2—h1 g7—g6
53. Sf5—d6 Lg1—f2

Stellt ein dreizügiges Matt auf, auf das der Gegner hereinfällt.

54. De6—f5† ....

Mit 51. Sf7†, Df7:! 55. Df7:, Ta1† 56. Kh2, Lg1† 57. Kh1 (57. Kg3, Ta3†), Lf2† ergibt sich Dauerschach.

54. .... Kg5—h6
55. Tf5—f6: und Schwarz gibt Matt in drei Zügen, bevor Weiß seine Absicht Sf7† ausführen konnte.

Die beiderseits sehr lebhaft gespielte Partie brachte dem Führer der schwarzen Steine den Preis für das beste Ergebnis gegen die Preisträger ein.

Partie Nr. 54.

Weiß: Schwarz:
Gröger Baumgartl

Aus einer sizilianischen Verteidigung ergab sich nach dem 31. Zuge von Weiß die folgende Stellung.

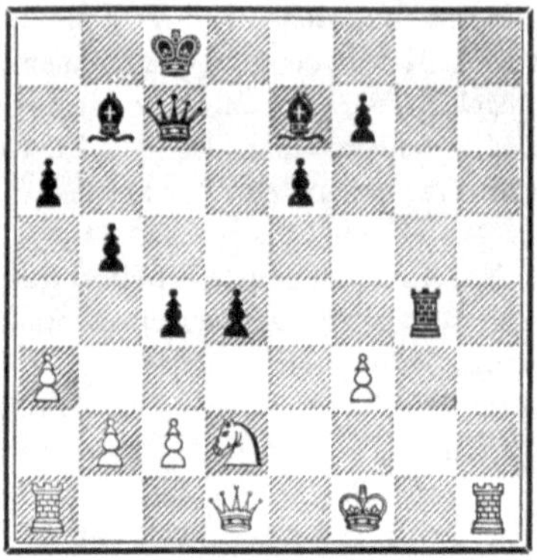

Durch kräftiges und zielbewußtes Spiel hatte sich Schwarz diese Gewinnstellung aufgebaut: aber von hier ab, wo es nur mehr gilt, den Gewinn zu verwirklichen, läßt er nach und vergibt einen halben Zähler, der ihm später sehr wertvoll gewesen wäre. Aber der Zeiger der Kontrolluhr näherte sich schon bedenklich der 2. Stunde und noch 6 Züge! Bei ruhiger Überlegung hätte der Führer der Schwarzen wohl bald gefunden, daß 31. .... Dc7—g3! rasch gewinnt: 32. f3—g3:?, Lg2† nebst Matt in zwei Zügen. Auf 32. De2 (noch das beste), Lf3! 33. Sf3:, Tf4 bzw. 33. Df3:, Tf4 34. Df4:, Df4† 35. Ke2, De3† 36. Kd1, Lg5 37. Th8†, Kd7 38. Sf1, Df2

31. .... Tg4—g8
32. Dd1—e1 c4—c3
33. b2—c3: Dc7—c3:
34. Th1—h3 Lb7—d5
35. Sd2—e4 Dc3—c4†

Lc4† mit Dc2† muß wohl auch langen, zumal ja Schwarz 3 Bauern für die Qualität besitzt, noch dazu das Läuferpaar, aber sowohl hier wie auch im nächsten Zuge hat Schwarz vor dem Öffnen der c-Linie eine nicht begründete Sorge.

36. Kf1—f2 Dc3—c7

Auf Dc2† 37. Dd2! (Sd2, Df5!), Le4:? 38. Tc1!; am einfachsten wäre wohl d3, weil ja der Freibauer unangreifbar ist bzw. leicht gedeckt werden kann.

37. c2—c3 Dc7—f4
38. c3—d4: Le7—h4†

Auf Le4: antwortet Weiß Dc1†!, Dc1: 40. Tc1† nebst fe und Schwarz muß sich noch lange plagen. Mit dem Textzug erobert Schwarz die Qualität zurück und behält nach dem Figurenabtausch im Turmendspiel einen Bauern mehr, findet aber den Weg zum Gewinn nicht.

39. Th3—h4: Df4—h4†
40. Kf2—e3 Dh4—e1†
41. Ta1—e1: Ld5—e4:
42. Ke3—e4 ....

Natürlich nicht fe, weil Tg3† den a-Bauern kostet.

42. .... Tg1—g5
43. Te1—h1 Kc8—c7
44. Th1—h7 Tg5—f5
45. Th7—h8 a6—a5?

Ein lehrreicher Fehler, durch den sich Schwarz um seine letzten Gewinnaussichten bringt; wohl erlangt er einen gedeckten Freibauern, der aber infolge der schlechten T-Stellung nicht zur Geltung zu bringen ist, zumal auch der König durch die Bauernsperre a4 und d4 nicht durch kann. Schwarz mußte versuchen, mit dem König an den weißen a-Bauern heranzukommen: also 45. .... Kb6! 46. Tb8†, Ka5 47. Ta8, Td5 nebst f5† und Td6. Am besten scheint noch 46. Tf8, Ka5 47. d5, Td5: 48. Tf7:, Tc5 49. Kd4, Tc4† 50. Ke5, Tc3 51. Ke6:, Ta3:. Der schwarze Turm kommt nun hinter den weißen Freibauern und kann sich erforderlichenfalls gegen denselben opfern, während die schwarzen Freibauern zur Dame marschieren.

46. Th8—h3 Kc7—c6
47. f3—f4 b5—b4
48. a3—a4! Kc6—d6
49. Th3—h8 Kd6—e7
50. Th8—h6 Ke7—f8
51. Th6—h8† Kf8—g7
52. Th8—h3 Kg7—g6
53. Th3—h8 Tf5—h5
54. Th8—b8 Kg6—f6
55. Tb8—b7 Kf6—g6
56. Tb7—b5 Th5—d5
57. Tb5—b6 Kg6—h5
58. Tb6—b7 Kh5—g6
59. Tb7—b5 Kg6—f6
60. Tb5—b7 als remis abgebrochen. Das Spiel ist nicht zu gewinnen. Versucht Schwarz (nach Sicherung des Königs durch f7—f5†) den weißen König zurückzudrängen, so hält sich Weiß durch Turmangriffe auf e6 bzw. a5 schadlos.

Vierte Runde, gespielt am 21. August.

Dr. Michalitschke verlor gegen den führenden Gilg in einer von diesem sehr exakt durchgeführten Partie. Dr. Schindler gewann gegen Gröger, obwohl er auf Verlust stand, da dieser aus Unachtsamkeit ein zweizügiges Damenopfer-Matt übersah. Baumgartl gewann gegen Klieber, da der letzte eine falsche Opferkombination seines Gegners nicht widerlegte und dadurch wirkungsvoll machte. Dr. Palitzsch verlor gegen Trinks durch völliges Nachlassen in der zweiten Partiehälfte, verbunden mit Zeitnot. Die Partie Chmellarz-Linhart endete nach beiderseits rühmlichem Kampfe mit remis. Stand: Gilg $3^{1}/_{2}$, Baumgartl, Trinks 3, Chmellarz, Klieber, Dr. Palitzsch, Dr. Schindler 2, Gröger $1^{1}/_{2}$, Linhart, Michalitschke $^{1}/_{2}$.

Partie Nr. 55.
Grünfeld-Verteidigung.

	Weiß:	Schwarz:
	Dr. Michalitschke	Gilg
1.	d2–d4	Sg8–f6
2.	Sg1–f3	g7–g6
3.	g2–g3	Lf8–g7
4.	Lf1–g2	0–0
5.	0–0	d7–d5
6.	Sb1–d2	c7–c6
7.	c2–c4	Lc8–e6

Ist in diesem Falle nicht schlecht, denn da der Königsläufer bereits entwickelt ist, braucht der e-Bauer zunächst nicht zu ziehen.

8.	b2–b3	Sb8–a6
9.	Lc1–b2	Sa6–c7
10.	e2–e3	h7–h6
11.	Tf1–e1	Kg8–h7
12.	Ta1–c1	Sc7–e8
13.	a2–a3	Se8–d6
14.	c4–c5	Sd6–e4
15.	Sd2–e4:	Sf6–e4:
16.	Sf3–d2	Se4–d2:
17.	Dd1–d2:	Dd8–d7
18.	Dd2–e2	Ta8–e8!

Damit ist das Vorstoßen des e-Bauern und f-Bauern gestützt auf die Türme (ähnlich wie in der Partie Klieber – Dr. Palitzsch) vorbereitet. Schwarz hat mit diesem Vorstoß einen vernünftigen Plan, während die völlig abgeschlossene weiße Stellung überhaupt kaum ermöglicht, ein Ziel ins Auge zu fassen. Das aktive schwarze Spiel ist demnach dem passiven weißen Spiel unbedingt vorzuziehen.

19.	b3–b4	Le6–h3
20.	De2–f1	Lh3–g2:
21.	Df1–g2:	e7–e5
22.	f2–f3	f7–f5
23.	Dg2–f2	Tf8–f7
24.	Tc1–d1	Tf7–e7
25.	Kg1–f1	Te7–e6
26.	Df2–d2	Dd7–d8
27.	Kf1–f2	Dd8–g5
28.	d4–e5:	Dg5–h5
29.	Te1–h1	Lg7–e5:
30.	Lf2–e5:	Te6–e5:
31.	Td1–e1	g6–g5
32.	Kf2–g2	....

Es drohte f4 33. gf, gf 34. ef?, Te1: 35. Te1:, Dh2‡.

32. .... Dh5—f7

33. f3—f4? ....

Weiß, dessen Lage allerdings eine gewisse Nervosität begreiflich macht, täte besser, den Vorstoß des Schwarzen nach f4 ruhig abzuwarten, z. B. mit Kf2. Durch den Textzug wird der schwarze d-Bauer zum Freibauer.

33. .... g5—f4:
34. e3—f4: Te5—e4
35. Te1—e4: ....

Weiß hat nichts Besseres, denn er kann sich sonst mit seinen schweren Figuren überhaupt nicht rühren. Schwarz bekommt nun verbundene Freibauern, die schwer auf das weiße Spiel drücken, während der weiße Freibauer auf der f-Linie dagegen belanglos ist; alles eine Folge des 33. Zuges.

35. .... f5—e4:
36. Th1—e1 Df7—f6
37. Dd2—c2 Kh7—g7
38. Te1—e3 Te8—e7
39. Dc2—e2 Kg7—h7
40. De2—c2 Df6—a1!
41. Dc2—e2 Da1—c1
42. h2—h3 b7—b6!
43. De2—e1 ....

Schwarz hat sich geschickt weitere Angriffspunkte geschaffen, die den Weißen nun zum Damentausch und weiterer Schwächung nötigen. Auf cb, ab greift der schwarze Turm von a7 aus zerrüttend ein.

43. .... Dc1—e1:
44. Te3—e1: b6—c5:
45. b4—c5: Te7—b7
46. Te1—e3 Tb7—b2†
47. Kg2—f1 Tb2—c2
48. g3—g4 Tc2—c5:
49. Kf1—f2 Kh7—g6
50. h3—h4 h6—h5
51. g4—g5 Kg6—f5
52. Kf2—g2 d5—d4
53. Te3—g3 d4—d3
54. g5—g6 d3—d2
55. g6—g7 d2—d1D
56. Tg3—g5† Kf5—f4:

Weiß gab auf, denn auf Tc5: folgt Dg4†, auf g8D aber Tc2† nebst Dh1‡. Eine von Schwarz mit schöner Folgerichtigkeit durchgeführte Partie!

Partie Nr. 56.
Caro-Kann-Verteidigung.

Weiß: Schwarz:
Dr. Schindler Gröger

1. e2—e4 c7—c6
2. d2—d4 d7—d5
3. Sb1—c3 ....

Vgl. hierzu, wie zum 4. Zug von Schwarz, die Anmerkungen in der Partie Dr. Palitzsch — Gröger.

3.	....	d5–e4:
4.	Sc3–e4:	Lc8–f5
5.	Se4–g3:	Lf5–g6
6.	Sg1–f3	e7–e6
7.	Lf1–d3	Lg6–d3:
8.	Dd1–d3:	Sg8–f6
9.	0–0	Sb8–d7
10.	c2–c3	Lf8–e7
11.	Lc1–d2	0–0
12.	Ta1–e1	c6–c5
13.	Dd3–e2	Dd8–c7
14.	Ld2–c1	c5–c4
15.	Sf3–d2	b7–b5
16.	f2–f4	....

Weiß hat in geschickter Weise nachträglich f4 ermöglicht und damit für seinen Springer eine starke Stellung auf e5 vorbereitet.

16.	....	Ta8–e8
17.	Sd2–f3	Sf6–d5
18.	Sf3–e5	Sd7–b6
19.	Sg3–e4	f7–f6

Vertreibt zwar den dominierenden Springer, aber nur unter Schaffung der Schwäche e6.

20.	Se5–f3	Sd5–f4:
21.	Lc1–f4:	Dc7–f4:
22.	Sf3–g5	Df4–b8
23.	Sg5–e6:	....

Weiß hat nun eine fürchterliche Angriffsstellung.

23.	....	Tf8–f7
24.	De2–h5	h7–h6

Um Sg5 zu verhindern.

(S. Stellungsbild.)

25.	Se4–g5?	....

Eine Verrechnung, wie der 26. Zug von Schwarz beweist.

25.	....	h6–g5:
26.	Se6–g5:	g7–g6!

Stellung nach dem 24. Zuge von Schwarz.

Eine böse Überraschung! 27. Dg6† führt wegen Tg7 nebst Tg5: zu sofortigem Verlust.

27.	Dh5–h3	Db8–c8

Schwarz könnte wohl sogar fg unbedenklich spielen.

28.	Sg5–e6	Tf7–h7
29.	Dh3–g4	Th7–h6
30.	Dg4–f4	Kg8–h7
31.	Tf1–f3	Dc8–d7??

In seiner Siegesgewißheit – denn Weiß steht klar auf Verlust – übersieht Schwarz zum Schluß ein zweizügiges Matt, während Weiß erleichtert aufatmet.

32. Df4–h6† und Matt im nächsten Zuge.

Partie Nr. 57.
Französische Verteidigung.

	Weiß:	Schwarz:
	Baumgartl	Klieber
1.	e2–e4	e7–e6
2.	d2–d4	d7–d5
3.	Sb1–c3	d5–e4:

4.	Sc3—e4:	Sg8—f6

Besser ist wohl zunächst Sbd7, weil Weiß auf den Textzug recht günstig mit Sf6╪ fortfahren kann.

5.	Lf1—d3	Sb8—d7
6.	Sg1—f3	Sf6—e4:
7.	Ld3—e4:	Sd7—f6
8.	Le4—d3	Lf8—e7
9.	0—0	0—0
10.	Sf3—e5	c7—c5
11.	Lc1—e3	Dd8—c7
12.	Dd1—f3	c5—d4:
13.	Le3—d4:	Le7—c5

Schwarz vereinfacht zielbewußt die Stellung, denn Weiß drohte, mit b3 eine sehr gute Aufstellung seines Läuferpaares zu erreichen.

14.	Ld4—c5:	Dc7—c5:
15.	Tf1—e1	Ta8—b8
16.	Df3—h3	h7—h6
17.	Te1—e3	Lc8—d7
18.	Ta1—e1	Tf8—d8
19.	Te3—g3	Kg8—f8
20.	Se5—d7:	....

Einleitung zu einer falschen Kombination.

20.	....	Td8—d7:

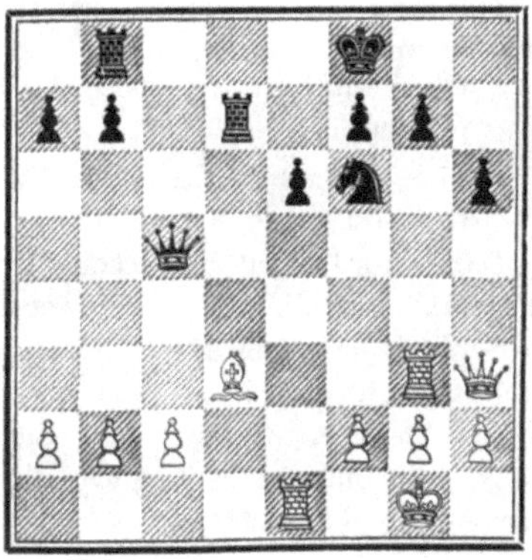

21.	Tg3—g7:?	Kf8—g7:
22.	Dh3—g3†	Kg7—f8?

Schwarz findet nicht die Widerlegung Sg4!. Auf 23. Dg4╪ folgt Dg5 24. Da4, b5!. Auch mit 24. De4 hat Weiß keine Drohungen.

23.	Dg3—b8╪	Kf8—e7
24.	Db8—f4	Dc5—a5
25.	Te1—f1	....

Kf1 konnte gleich geschehen. Den Damenfang nach 25. .... Da2: 26. Db4† nebst Lc4 sieht ein Blinder.

25.	....	h6—h5
26.	h2—h3	Td7—d5
27.	a2—a4	Da5—b6
28.	b2—b3	Td5—d4
29.	Df4—e5	Td4—d5
30.	De5—f4	Td5—d4
31.	Df4—e5	Td4—d5
32.	De5—f4	Td5—d4
33.	Df4—e5	Td4—d5
34.	De5—c3	Td5—g5
35.	Dc3—c8?	....

Unter dem Einfluß lähmender Zeitnot. Schwarz nimmt hierauf seine Chance nicht wahr, die Dame war nur unter schweren Tempoverlusten ins Spiel zurückzuführen.

35.	....	Tg5—c5
36.	Dc8—b8	Tc5—g5

Schwarz hätte hier Tc7 ziehen sollen, drohend mit Se8 die Dame einzukapseln. Wenn dann Lb5, so Sd6 und Weiß kann nicht mehr gewinnen.

37.	Db8—f4	Tg5—d5
38.	Tf1—e1	Td5—d4
39.	Df4—g5	Td4—d5
40.	Te1—e5	Td5—e5:
41.	Dg5—e5:	Db6—d6
42.	De5—d6╪	Ke7—d6:

43.	Kg1—f1	Kd6—c5
44.	Kf1—e1	a7—a5
45.	Ke1—d2	Kc5—d4
46.	c2—c3†	Kd4—d5
47.	Ld3—e2	Kd5—c5
48.	Le2—f3	b7—b6
49.	Kd2—e3	Schwarz gab auf.

Partie Nr. 58.

Aljechin-Verteidigung.

Weiß:	Schwarz:
Dr. Palitzsch	Trinks

1.	e2—e4	Sg8—f6
2.	e4—e5	Sf6—d5
3.	d2—d4	....

Die üblichere Spielweise ist hier zunächst c4. Ob die vorgeschobenen Bauern stark oder schwach sind, darüber ist man sich in der Theorie noch nicht einig Die Spielweise ohne c4 wird von manchen vorgezogen, jedoch geschieht dann f4 statt wie im Text Sf3 im vierten Zug.

3.	....	d7—d6
4.	Sg1—f3	Lc8—g4
5.	h2—h3	Lg4—h5
6.	Sb1—c3?	c7—c6

Besser war wohl 6. .... Sc3: 7. bc3:, de: 8. de:, D:D 9. K:D womit die Spielanlage von Weiß widerlegt wäre. Nach dem Textzug hätte Weiß mit 7. Sd5:, cd: 8. g4, Lg6 9. ed:, Dd6: 10. Se5 fortsetzen können. Weiß hat aber nur scheinbar einen Vorteil in seinem etwas freieren Spiel, denn der gelockerte Königsflügel wird früher oder später sein Sorgenkind werden müssen. Die richtige Fortsetzung im 6. Zug wäre eben statt Sc3, c2—c3 gewesen mit dem Plan, den Sb1 über d2 nach e4 zu führen.

7.	g2—g4	Sd5—c3:

Auf sofort Lg6 kann Weiß in die oben erwähnte Variante einlenken (Sd5: usw.).

8.	b2—c3:	Lh5—g6
9.	Lf1—d3	e7—e6
10.	Ta1—b1	Dd8—c7
11.	Lc1—a3	....

Etwas besser ist wohl Lf4, denn der Partieverlauf zeigt, daß der Läufer auf a3 allmählich außer Spiel kommt und ferner, daß die Beherrschung des Punktes e5 durch den Läufer wichtig wäre. Weiß will freilich offenbar mit f2—f4 angreifen und sich nicht unnütz das Feld f4 verstellen, dessen Räumung natürlich wieder ein Tempo kosten würde. Schwarz hätte auf Lf4 jedenfalls am besten mit d6—d5 geantwortet.

11.	....	b7—b6
12.	Dd1—e2	Sb8—d7

Unrichtig wäre natürlich sofort c6—c5 wegen d4—d5!!.

13.	0—0	Lf8—e7
14.	Tb1—e1	0—0
15.	Sf3—d2	c6—c5!
16.	Sd2—c4	....

Damit wird Weiß inkonsequent. Es mußte unbedingt versucht werden, mit f4 einen Angriff einzuleiten. Schwarz kann auf 16. f2—f4 nur mit Ld3: antworten, worauf 17. cd:! folgt; allerdings ist es fraglich, ob der Angriff durchschlägt.

16.	....	d6—e5:
17.	d4—e5:	....

Auf Se5: folgt Se5: usw.

17.	....	Ta8—d8
18.	Ld3—g6:	h7—g6:
19.	La3—c1	Kg8—h7
20.	f2—f4	....

Wenn Weiß, wie der 16. Zug andeutet, sich auf d6 festsetzen will, mußte Lf4 geschehen. Doch hatte Weiß bereits mit Zeitnot zu kämpfen und sein Spiel wird planlos.

20.	....	Tf8—h8
21.	Tf1—f3	b6—b5
22.	Sc4—d2	....

Falls 22. Sd6, folgt Ld6: 23. ed:, Dc6! und Schwarz steht besser.

22.	....	c5—c4
23.	Dc2—e4	Sd7—c5
24.	De4—e2	Dc7—b7

und gewinnt.

Fünfte Runde, gespielt am 21. August.

Gilg siegte in einer interessanten Partie gegen Dr. Palitzsch, der durch eine grobe Verrechnung einen Turm verlor. Gröger geriet nach längerem guten Spiel durch einen Fehler in Verluststellung gegen Chmellarz, gewann aber schließlich durch einen nicht naheliegenden Fehler seines Gegners, der in studienartiger Schlußstellung sofort aufgab. Linhart siegte nach hartem Kampf über Dr. Michalitschke, während Klieber—Dr. Schindler und Trinks—Baumgartl einander zwei weniger hartnäckige Remispartien lieferten. Stand: Gilg 4½, Baumgartl, Trinks 3½, Gröger, Klieber, Dr. Schindler 2½, Chmellarz, Dr. Palitzsch 2, Linhart 1½, Dr. Michalitschke ½.

Partie Nr. 59.
Unregelmäßige Eröffnung.

	Weiß:	Schwarz:
	Gilg	Dr. Palitzsch
1.	d2—d4	Sg8—f6
2.	Sg1—f3	g7—g6
3.	h2—h3	....

Um dem Damenläufer später eine Stätte auf h2 zu bieten.

3.	....	Lf8—g7
4.	Lc1—f4	Sf6—d5

Der Führer der Schwarzen kann es, wie so oft, nicht unterlassen, in die Partie verfrüht eine gewisse Schärfe hineinzulegen, obwohl ihm bewußt ist, daß solche verfrühte Manöver gewöhnlich verfehlt sind (vgl. Partie Dr. Schindler—Dr. Palitzsch). In diesem Falle versucht er, die Abwesenheit des Damenläufers zu einem Angriff auf b2 und d4 auszunutzen.

5.	Lf4—h2	c7—c5
6.	e2—e4	Sd5—f6
7.	e4—e5	Sf6—e4

Scheinbar riskant, doch ist dem

Springer in Wirklichkeit nichts anzuhaben.

8. Lf1—d3 d7—d5
9. e5—d6: Se4—d6:
10. Lh2—e5 f7—f6
11. Le5—h2 Dd8—b6

Sieht plausibel und natürlich aus und ist doch verfehlt, wie die Antwort des turniererprobten Gegners zeigt. In Betracht kam cd 12. Sd4:, e5.

12. Sb1—c3! c5—d4:

Auf Db2: folgt Sd5 mit Gewinn.

13. Sf3—d4: f6—f5

Dd4: scheitert natürlich an Lg6‡.

14. Sd4—b5 Sd6—b5:
15. Sc3—b5: 0—0?

Eine Verrechnung; Schwarz hat in einem Anfall von Blindheit gar nicht berücksichtigt, daß Weiß im 17. Zuge rochieren kann. Es mußte Sa6 geschehen, doch hat Weiß auch dann die bessere Stellung.

16. Sb5—c7 Db6—b2:
17. 0—0! f5—f4!

Der Turm ist verloren, und es ist natürlich klar, daß Schwarz seinem starken Gegner keinen Turm vorgeben kann. Immerhin bereitet er ihm durch einige feine Züge noch rechte Schwierigkeiten, wodurch die an und für sich bereits entschiedene Partie noch einen gewissen Reiz bekommt.

18. Sc7—a8: Sb8—c6
19. Sa8—c7 Db2—e5!
20. Ld3—c4† ....

Weiß will sich nicht auf 20. Sb5, a6 21. Sa3 einlassen, weil dabei der Springer zunächst außer Gefecht gesetzt wird, evtl. sogar in Gefahr kommt.

20. .... e7—e6
21. Sc7—b5 a7—a6
22. Sb5—d6 ....

Auf Sa3 geht nach Dc5 eine Figur verloren (23. Dc1, La1:).

22. .... Tf8—d8
23. Sd6—c8:! ....

Weiß kann es sich leisten, die Dame für Turm und Läufer hinzugeben, da er ja um einen Turm bereits im Vorteil ist.

23. .... Td8—d1:
24. Ta1—d1: Sc6—d4!
25. c2—c3 De5—c5
26. c3—d4: Dc5—c4:
27. Sc8—d6 Dc4—d5
28. Lh2—f4: Lg7—f8

Immer wieder ist der Springer in Gefahr, verloren zu gehen. Weiß ersinnt daher ein anderes Verfahren, das zum Abtausch des Springers führt.

29. Td1—c1! Lf8—d6:

Auf Dd4: folgt 30. Lg3, Ld6: 31. Td1.

30. Tc1—c8† Kg8—f7
31. Tc8—d8 Ld6—f4:

Dd4: 32. Ld6:, Db6 33. T† bot erst recht keine Aussichten.

32. Td8—d5: e6—d5:

und Schwarz mußte das unhaltbare Endspiel im 48. Zuge aufgeben.

Partie Nr. 60.

Aljechin-Verteidigung.

Weiß:	Schwarz:
Gröger	Chmellarz

1. e2—e4 Sg8—f6
2. Sb1—c3 d7—d5

Auch in dieser Spielart behauptet die Aljechin-Verteidigung ihre Korrektheit.

3.	e4—d5:	Sf6—d5:
4.	Sc3—d5:	Dd8—d5:
5.	Sg1—f3	Lc8—g4
6.	Lf1—e2	Sb8—c6
7.	0—0	0—0—0

Die Spiele sind annähernd ausgeglichen. Auch im weiteren Verlaufe der Partie hielten die Gegner einander die Wage und gelangten nach dem 38. Zuge von Schwarz zu folgender Stellung:

Es folgte weiter:

39.	Le5—d6	Td7—d6:
40.	Tc6—c4?	....

Danach sollte Weiß verlieren. Richtig war 40. Td6:, Sc3† 41. Kd3, cd 42. Kc3:, d5 mit Remisstellung.

40.	....	Sd5—e7
41.	Ke4—e5	Se7—f5
42.	d4—d5	Kb7—c8
43.	h4—h5	Sf5—e7
44.	h5—h6	Se7—d5:
45.	Tc4—d4	Sd5—e3
46.	Td4—d6:	Se3—c4†?

Mit cd† gewann Schwarz noch immer. Doch er will auch den Bauern noch behaupten und gerät damit überraschenderweise in eine Verluststellung.

47. Ke5—f6! Schwarz gab auf, denn es folgt: cd 48. Kg7, d5 49. Kh7:, d4 50. Kg7, d3 51. h7, d2 52. h8D† und gewinnt. Auch mit Sd6: ist nichts zu machen, da der Springer zur Deckung der Bauern zu spät kommt.

Sechste Runde, gespielt am 22. August.

Baumgartl brachte Gilg seine erste Niederlage bei in einer verwickelten Partie, die dieser nicht so gut wie sonst behandelte, und holte dadurch seinen Rivalen ein. Dr. Palitzsch gewann in einer schönen Partie gegen Linhart. Chmellarz schlug nach hartem Kampf Dr. Michalitschke. Die Partien Schindler—Trinks und Gröger—Klieber wurden remis, die erste schon nach 20 Zügen. Stand: Baumgartl, Gilg $4^1/_2$, Chmellarz, Gröger, Klieber, Dr. Palitzsch, Dr. Schindler 3, Linhart $1^1/_2$, Dr. Michalitschke $^1/_2$.

Partie Nr. 61.

Caro-Kann-Verteidigung.

Weiß:	Schwarz:
Dr. Palitzsch	Linhart

1. e2—e4 c7—c6
2. d2—d4 d7—d5
3. Sb1—c3 ....

Vgl. hierzu die Anmerkungen der Partie Dr. Palitzsch — Gröger.

3. .... d5—e4:
4. Sc3—e4: Lc8—f5
5. Se4—g3 Lf5—g6
6. f2—f4 ....

Üblich ist hier Sf3. Weiß will mit dem Textzug, der nebenbei später einmal f5 droht (augenblicklich noch nicht angängig wegen Lf5: nebst Da5†), den Bauern vor den Springer bringen.

6. .... e7—e6
7. Sg1—f3 Sg8—f6
8. Lf1—d3 Lg6—d3:

Der Abtausch ist nötig, schon um 9. Lg6:, hg 10. Sg5 mit starker Position für Weiß nicht zuzulassen.

9. Dd1—d3: g7—g6

Ein guter Zug, der gegen das drohende f5 gerichtet ist und gleichzeitig dem Läufer auf g7 ein günstiges Feld schafft.

10. 0—0 Lf8—g7
11. Lc1—d2 Sb8—a6

Gegen Lb4 gerichtet, womit eine Behinderung der schwarzen Rochade verbunden wäre. Der Springer bekommt außerdem später ein gutes Feld auf c7.

12. Ta1—e1 0—0

Es drohte wieder f5.

13. Sf3—e5 ....

Weiß ist in seiner Entwicklung sichtlich voraus und hat die besseren Möglichkeiten. Das schwarze Spiel ist jedoch sehr fest, und für Weiß ist die Auswahl unter den Fortsetzungen, die den Vorteil festhalten, recht schwer. Der Springerzug geschieht aus folgenden Gründen: 1. wird dem Turm die f-Linie, der Dame die Linie nach h3 frei gemacht, 2. deckt der Springer auf e5 den Bd4 gegen den schwarzen Läufer, was auf g5 z. B. nicht der Fall wäre, und nimmt daselbst überhaupt eine beherrschende Stellung ein; das Feld g5 dagegen bleibt dem anderen Springer vorbehalten. Man sieht, was für eine Menge feiner Abwägungen bei der Auswahl der Züge in einer ernsten Turnierpartie gemacht werden müssen.

13. .... Sf6—d5
14. a2—a3 Sa6—c7
15. c2—c4 Sd5—e7
16. Sg3—e4 b7—b6

Notwendig, um Sc5 zu verhindern.

17. Ld2—c3 Sc7—e8
18. Dd3—h3 Se8—f6
19. Se4—g5 ....

Weiß hat nun endlich die erstrebte starke Druckstellung erreicht. Auf dem Königsflügel darf sich kein schwarzer Stein rühren, ohne Schaden hervorzurufen. Weiß kann dagegen noch weitere Reserven heranholen, überdies droht z. B. 20. d5, cd 21. Sc6!, Sc6: 22. Lf6: nebst Matt oder Damengewinn. Der Befreiungsversuch, den Schwarz mit seinem nächsten Zuge unternimmt, nützt freilich nichts. Am besten wäre wohl noch De8.

19.	....	h7—h6
20.	Sg5—f7:!	Tf8—f7:
21.	Dh3—e6:	Dd8—f8
22.	Se5—f7:	Df8—f7:
23.	De6—e7:	Df7—c4:
24.	De7—e6†	Dc4—e6:

25. Te1—e6: und gewann durch den Mehrbesitz von Qualität und Bauer. Der Führer der Weißen erhielt für diese Partie in Gemeinschaft mit der Partie gegen Gröger den ausgesetzten Schönheitspreis.

Partie Nr. 62.
Grünfeld-Verteidigung.

Weiß:	Schwarz:
Baumgartl	Gilg

1.	d2—d4	Sg8—f6
2.	c2—c4	g7—g6

Die Budapester Verteidigung, die mit e5 in Erscheinung treten könnte, ist wieder aus der Mode gekommen.

3.	Sb1—c3	d7—d5
4.	Lc1—f4	....

Auf cd folgt bekanntlich Sd5: 5. e4, Sc3: 6. bc, c5.

4.	....	c7—c6
5.	e2—e3	Lf8—g7
6.	Sg1—f3	0—0
7.	Ta1—c1	a7—a6
8.	Dd1—b3	d5—c4:
9.	Lf1—c4:	b7—b5
10.	Lc4—e2	Sb8—d7
11.	Sf3—e5	Sd7—e5:
12.	Lf4—e5:	Lc8—e6
13.	Db3—c2	Sf6—d7

Schwarz will mit dem f-Bauern vorgehen.

14.	Le5—g7:	Kg8—g7:
15.	0—0	f7—f6?

Der sonst so sicher spielende Führer der Schwarzen macht hier ein handgreifliches Versehen, das einen Bauern kostet.

16.	Dc2—e4	Le6—f7
17.	De4—c6:	Sd7—b6
18.	a2—a3	Lf7—c4
19.	Dc6—f3	Ta8—c8
20.	Tf1—e1	Dd8—d7
21.	Df3—e4	Tc8—c7
22.	Le2—g4	Dd7—d6

Auf f5 folgt De5†.

23.	De4—c2	f6—f5
24.	Lg4—f3	Tf8—c8
25.	e3—e4!	....

Ein guter Zug, der dem Weißen die Öffnung der e-Linie und schönen Angriff einbringt.

25.	....	Dd6—d4:

Auf f4 könnte sehr stark folgen 26. e5, Dd4: 27. Tcd1, Dc5 28. De4, g5 29. Df5, h6 30. Lh5 usw.

26.	e4—f5:	Lc4—d3
27.	Dc2—d2	Sb6—c4
28.	Dd2—g5	Ld3—f5:

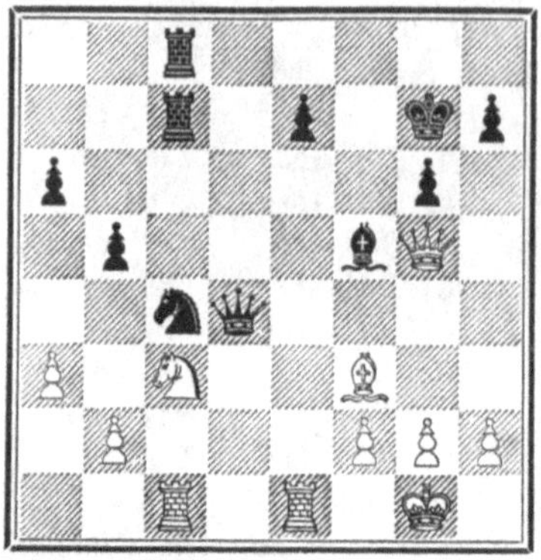

29. Sc3—d5! ....

Weit nachhaltiger als Te7†.

29. .... Tc7—a7

Der Turm darf die 7. Reihe nicht verlassen, weil sonst Te7† vernichtend wirkt. Etwas besser wäre aber wohl Td7 gewesen. Jetzt gewinnt Weiß die Qualität.

30. Sd5—e7: Tc8—c5
31. Se7—c6 Tc5—c6:
32. Lf3—c6: Sc4—e5
33. Dg5—e3 Dd4—e3:
34. Te1—e3: Se5—c4
35. Te3—e2 Lf5—d3
36. Te2—e8 Sc4—b2:
37. Lc6—d5 a6—a5
38. Te8—c8 Sb2—c4
39. Ld5—c4: b5—c4:
40. a3—a4 Ta7—b7
41. Tc8—c5 Tb7—b4!

Auf Ta7 folgt Te1 nebst Tee5.

42. Tc5—a5: ....

Damit dürfte Weiß den Gewinn aus der Hand geben. Richtig war 42. Ta1, Tb3 (Le4 43. f3 bzw. Kg6 43. f4) 43. Ta5:, c3 44. Te5, c2 45. Tee1.

42. .... c4—c3!
43. Ta5—e5 ....

Td5 verliert wegen c2!.

43. .... Ld3—e4?

Mit c2 konnte Schwarz remis halten.

44. f2—f3 Le4—c6
45. Te5—c5 Lc6—a4:
46. Tc5—c3: La4—e8
47. Tc3—c7† Le8—f7
48. Tc1—e1 g6—g5
49. Te1—e7 Tb4—f4
50. h2—h4! Schwarz gab auf,

denn auf gh folgt Kh2 nebst Abtausch auf f7.

Siebente Runde, gespielt am 23. August.

Gilg gewann in einer spannenden Partie gegen Dr. Schindler, Linhart wurde von seinem Gegner Baumgartl bezwungen, so daß die beiden Führenden weiter gemeinsam an der Spitze blieben. Dr. Michalitschke unterlag nach hartem Kampf gegen Dr. Palitzsch. Die Partien Klieber—Chmellarz und Trinks—Gröger ergaben remis. Stand: Baumgartl, Gilg $5^1/_2$, Trinks $4^1/_2$, Dr. Palitzsch 4, Chmellarz, Gröger, Klieber $3^1/_2$, Dr. Schindler 3, Linhart $1^1/_2$, Dr. Michalitschke $^1/_2$.

Partie Nr. 63.

Grünfeld-Verteidigung.

Weiß:	Schwarz:
Gilg	Dr. Schindler
1. d2—d4	Sg8—f6
2. Sg1—f3	g7—g6
3. c2—c4	Lf8—g7
4. Sb1—c3	d7—d5
5. e2—e3	0—0
6. Dd1—b3	....

Wird neuerdings als das beste gegen die Grünfeld-Verteidigung empfohlen.

6.	c7—c6
7. Lf1—d3	Dd8—b6
8. Db3—c2	d5—c4:
9. Ld3—c4:	Sb8—d7
10. 0—0	Db6—c7
11. b2—b3	Sd7—b6
12. Lc4—d3	Sb6—d7

Hier war Sbd5, evtl. Sb4 drohend, am Platze. Der Textzug ist ein Tempoverlust und verschafft Weiß das überlegene Spiel.

13. e3—e4!	e7—e5

Soll die weißen Mittelbauern stoppen.

14. Lc1—a3	Tf8—e8
15. Sc3—b5	....

Sieht gut aus, dürfte aber inkorrekt sein, z. B. Da5! 16. b4, Da6! 17. Sc7, Da3: 18. Sa8:, Db4: 19. Sc7 (Tb1, Dd6!), Td8! 20. d5!, Da5! 21. d6 (dc, Sc5), Sc5 22. Tac1, Sd3: 23. Dd3:, Dc7: 24. dc, Td3: 25. Se5:, Td4 26. Tfd1, c5 27. Td4: cd 28. Sc4!, Se4: 29. f3, Sc3 30. Tc2, Lf8 und gewinnt.

15.	De7—d8
16. Sb5—d6	d5—e4:

Die Qualität ist nicht zu retten, denn auf Te6 folgt Lc4 und auf Te7 (f8) folgt Sc8:.

17. Sd6—e8:	Sf6—e8:
18. Ta1—d1	Dd8—a5
19. La3—e7	c6—c5
20. Tf1—e1	Da5—c7
21. Le7—h4	b7—b6
22. Lh4—g3	Sd7—e5
23. Ld3—b5	Dc7—e7
24. Sf3—e5	Lg7—e5:
25. Lg3—e5:	De7—e5:
26. f2—f4	De5—e7
27. h2—h3	Lc8—b7
28. e4—e5	Se8—c7
29. Lb5—c4	Sc7—d5
30. f4—f5!	....

Sehr weitschauend gespielt! Weiß gibt die Qualität zurück, um dafür eine starke Angriffs- und Druckstellung einzutauschen, die schließlich zum Gewinn führen muß.

30.	Sd5—e3
31. Te1—e3:	d4—e3:
32. f5—g6:	De7—e5:

hg wird natürlich mit Dg6† beantwortet.

33. g6–f7‡ Kg8–h8
34. Td1–d7! Lb7–e4

Es drohte sowohl Tb7: als auch Dh7‡ nebst f8D†.

35. Dc2–d1 De5–f6

Nötig wegen der Drohung Td8† nebst f8D†.

36. Dd1–g4 Le4–g6

Wieder ein Zwangszug, da außer De4: vor allem Dg8† nebst fgD‡ drohte.

37. Td7–a7:! Ta8–f8

Ta7: scheitert an Dc8† nebst Dg8† und f8D†.

38. Dg4–f3 Df6–a1†
39. Kg1–h2 Da1–e5†
40. Df3–g3 De5–e4
41. Dg3–d6 Kh8–g7
42. Ta7–e7! ....

Verführerisch, aber ungenügend war hier 42. Ld5, Df5! 43. Df8‡, Kf8: 44. Ta8†, Kg7 45. Tg8†, Kh6 46. f8D†, Df8: 47. Tf8:, e2! und Schwarz gewinnt.

42. .... De4–d4
43. De5–g3 Kg7–h6

Dadurch kann Weiß einen Abtausch herbeiführen und in ein Turmendspiel einlenken, das mit 2 Bauern mehr klar gewonnen ist.

44. Dg3–e3‡ Dd4–e3:
45. Te7–e3: Lg6–f7:
46. Lc4–f7: Tf8–f7:
47. Te3–e6† ....

Dieser Zug begräbt die letzten Remishoffnungen des Schwarzen.

47. .... Kh6–g7
48. Te6–b6: Tf7–a7
49. a2–a4 c5–c4
50. b3–c4: Ta7–a4:
51. Tb6–c6 Ta4–a3
52. h3–h4 h7–h5
53. g2–g3 Ta3–c3
54. c4–c5 Kg7–h7
55. Tc6–c8 Kh7–g7
56. Kh2–g2 Kg7–f7
57. Kg2–f2 Kf7–g7
58. c5–c6 Kg7–f7
59. Kf2–e2 Tc3–g3:
60. c6–c7 Tg3–c3
61. Tc8–h8 Schwarz gab auf, denn auf Tc7: folgt Th7†.

Partie Nr. 64.
Réti-Verteidigung.

Weiß:	Schwarz:
Dr. Michalitschke	Dr. Palitzsch

1. d2–d4 Sg8–f6
2. Sg1–f3 g7–g6
3. c2–c4 Lf8–g7
4. Sb1–c3 d7–d6

Grünfelds Verteidigung d5 ist zweifellos klarer und solider, während die vorliegende Spielweise für beide Parteien allerhand Tücken hat.

5. e2–e4 Sb8–d7
6. Lf1–e2 e7–e5
7. d4–e5: d6–e5:
8. Lc1–g5 0–0
9. 0–0 b7–b6
10. Dd1–c2 c7–c6
11. Ta1–d1 Dd8–c7
12. Td1–d2 h7–h6
13. Lg5–f6: Lg7–f6:
14. Tf1–d1 Sd7–c5
15. h2–h3 Sc5–e6
16. Le2–f1 ....

Weiß kann mit seinen Türmen auf der offenen Linie nicht viel anfangen; auf Td6 folgt Le7.

16. .... Se6–d4

Nun steht Schwarz recht gut. Wird der Springer getauscht, so entsteht ein Freibauer auf der d-Linie, der durch c5 völlig sicher gestellt werden kann.

17.	Dc2—d3	Lc8—e6
18.	Dd3—e3	Kg8—h7
19.	b2—b3	Ta8—d8
20.	Lf1—d3	Td8—d6
21.	Sc3—e2	Sd4—f3†
22.	De3—f3:	Lf6—g5
23.	Td2—c2	Tf8—d8
24.	Se2—c3	Dc7—e7
25.	Ld3—e2	Le6—c8
26.	Td1—d6:	Td8—d6:
27.	Sc3—d1	Td6—f6
28.	Df3—c3	De7—c5
29.	Le2—f3	Tf6—d6
30.	b2—b4	Dc5—d4
31.	Sd1—b2	Dd4—c3:
32.	Tc2—c3:	Td6—d2

Die letzten Züge erfolgten bereits in starker Zeitnot. Schwarz ist es nunmehr gelungen, in die feindliche Stellung einzudringen, was ihm einen Bauern einbringt.

33.	Sb2—d1	Td2—a2:
34.	Tc3—d3	Lg5—e7
35.	b4—b5	c6—b5:
36.	c4—b5:	Ta2—c2
37.	Sd1—e3	Tc2—c1†
38.	Kg1—h2	Kh7—g7
39.	Lf3—g4	....

Dadurch verschlechtert Weiß sich noch weiter, wie die Folge zeigt.

39.	....	Lc8—g4:
40.	Se3—g4:	Tc1—c5
41.	Td3—b3	Le7—g5

Nun droht h5 43. Se3, Le3: 44. fe, Tc4 mit weiterem Bauernverlust.

42.	Kh2—g3?	....

Dadurch geht eine Figur verloren. Aber Weiß ist ohnedies in einer schwierigen Lage.

42.	....	f7—f5
43.	e4—f5:	g6—f5:
44.	Sg4—e5:	....

Auf Sh2 folgt Lf4†, auf Se3 folgt f4†.

44.	....	f5—f4†

Sofortiges Te5: würde mit f4 beantwortet.

45.	Kg3—g4	Tc5—e5:

und Schwarz gewann durch das Übergewicht der Figur.

Partie Nr. 65.
Damengambit.

Weiß: Linhart	Schwarz: Baumgartl

1.	d2—d4	d7—d5
2.	c2—c4	e7—e6
3.	Sb1—c3	Sg8—f6
4.	Lc1—g5	Lf8—e7
5.	e2—e3	0—0
6.	Sg1—f3	Sb8—d7
7.	Dd1—c2	....

Für besser gilt Tc1 zuvor, weil nun c5 möglich ist (z. B. Lasker—Capablanca, 10. Wettpartie). Wenn nach 7. Tc1 der befreiende Stoß c5 versucht wird, so geht nach 8. cd, cd 9. dc, Sc5: 10. Lf6:, Lf6: 11. Sd5: ein Bauer verloren.

7.	....	c7—c6
8.	Lf1—d3	....

Jetzt noch konnte Weiß mit Tc1 in die seit dem Teplitzer Meisterturnier stark in Kurs befindliche Variante einlenken.

8.	....	d5—c4:

9. Ld3—c4: Sd7—b6
10. Lc4—d3 h7—h6
11. h2—h4 ....

Angelegt auf Opferspiel. Weiß verläßt aber gleich darauf den Weg:

11. .... Sf6—d5
12. Lg5—e7: ....

Inkonsequent. 12. a3 war geboten, worauf sich folgende für beide Teile schwierige Variante ergeben konnte: 12. .... f5 13. e4!, hg (Sc3: ist wegen Le7: zum mindesten nicht vorteilhafter) 14. ed, Sd5: 15. Sd5: (sonst Sf4), ed 16. hg (16. Tc1, Ld7 und die c-Linie ist für Weiß wertlos), Lg5: 17. Th5, Lh6 18. Kd2. Weiß hat ein freies Spiel, es droht Tah1 und Se5.

12. .... Dd8—e7:
13. a2—a3 Sd5—c3:
14. b2—c3: c6—c5
15. Sf3—e5 Sb6—d7
16. Th1—h3 ....

Nun mußte f4 geschehen.

16. .... Sd7—e5:
17. d4—e5: De7—c7
18. f2—f4 Lc8—d7
19. g2—g4 Dc7—a5
20. h4—h5 Ld7—a4
21. Dc2—b2 Tf8—d8
22. Ld3—c2 ....

Sehr schwach, Le4 war geboten. Schwarz konnte darauf Tab8 mit Vormarsch des b-Bauern spielen. Nach dem Textzuge gewinnt Schwarz leicht.

22. .... La4—c2:
23. Db2—c2: c5—c4
24. Dc2—b2 Td8—d3
25. Ta1—c1 Ta8—d8
26. Db2—b4 Da5—d5
27. Tc1—c2 Td3—d1†
28. Ke1—f2 Td1—d2†
29. Tc2—d2: Dd5—d2‡
30. Kf2—f3 Dd2—d1†

Es folgten in Zeitnot nun einige Schachgebote, Td3 ergab einen schönen Schluß, denn auf Dc5 folgt b6 und auf Ke4 kommt Te3‡ nebst Matt.

31. Kf3—g3 Dd1—e1†
32. Kg3—f3 De1—f1†
33. Kf3—g3 Df1—e1†
34. Kg3—f3 De1—d1†
35. Kf3—g3 Dd1—e1†
36. Kg3—f3 De1—d1†
37. Kf3—g3 Td8—d2

Weiß gab auf.

Achte Runde, gespielt am 23. August.

Baumgartl gewann gegen Dr. **Michalitschke** und **Gröger** wurde von **Gilg** geschlagen, so daß die beiden Führenden weiter Schulter an Schulter vorrückten und die endgültige Entscheidung der letzten Runde überließen. **Chmellarz** wurde rasch von Dr. **Palitzsch** überspielt und geschlagen. Dr. **Schindler** gewann gegen **Linhart**. **Klieber** — **Trinks** lieferten sich eine kurze und schmerzlose Remispartie. Stand: **Baumgartl**, **Gilg** $6^1/_2$, Dr. **Palitzsch**, **Trinks** 5, **Klieber**, Dr. **Schindler** 4, **Chmellarz**, **Gröger** $3^1/_2$, **Linhart** $1^1/_2$, Dr. **Michalitschke** $^1/_2$.

Partie Nr. 66.

Unregelmäßige Eröffnung.

Weiß:	Schwarz:
Chmellarz	Dr. Palitzsch

1. d2—d4 Sg8—f6
2. c2—c4 d7—d6
3. Sb1—c3 Sb8—d7

Schwarz beabsichtigt, e5 zu spielen, was sogleich noch nicht gut gewesen wäre wegen 4. de, de 5. Dd8:, Kd8: 6. Lg5 nebst 0—0—0 mit überwältigendem Spiel für Weiß.

4. f2—f4? ....

Weiß will e5 durchaus hintertreiben, tut aber damit des Guten zuviel und geht an diesem Eröffnungsfehler rapid zugrunde.

4. .... e7—e5!
5. d4—e5: d6—e5:
6. f4—e5: Sf6—g4!

Damit ist eine der Budapester Verteidigung ähnliche Stellung entstanden. Schlechter wäre gewesen Se5: 7. Dd8:, Kd8: 8. Lg5, Sc4: 9. 0—0—0†, Ld7 (Sd6 10. e4 oder Ld6 10. Sd5) 10. e4, Se5 11. Sf3, Sf3: 12. gf, Ld6 13. Sd5, Te8! 14. Lf6:, gf 15. Sf6: mit Vorteil für Weiß.

7. Lc1—f4 Lf8—c5
8. Sg1—h3 0—0
9. Dd1—d5 Dd8—e7
10. Dd5—e4 Sd7—e5:
11. 0—0—0 ....

Auf Sd5 wäre Lb4† gefolgt.

11. .... f7—f5!
12. De4—c2 ....

Schlecht wäre Dd5† wegen Le6 13. Db7:, Tb8 usw.

12. .... c7—c6

Jetzt ist dieser Zug notwendig gegen Sd5.

13. e2—e3? ....

Damit geht Bauer und Qualität verloren. Aber was soll Weiß in seiner trostlosen Lage tun?

13. .... Lc5—e3‡
14. Kc1—b1 Le3—f4:

Weiß gab auf. Ein Beispiel für die Schnelligkeit, mit der sich ein einziger Eröffnungsfehler rächen kann.

Partie Nr. 67.

Aljechin-Verteidigung.

Weiß:	Schwarz:
Gröger	Gilg

1. e2—e4 Sg8—f6
2. Sb1—c3 d7—d5
3. e4—d5: Sf6—d5:
4. Sc3—d5: Dd8—d5:
5. Sg1—f3 ....

In der Partie Mieses—Kostitsch Teplitz 1922, geschah 5. Df3, Dc5 6. Dc3, e5 7. Sf3, Sc6 8. Dc5:, Lc5:, womit Schwarz einen kleinen Eröffnungsvorsprung erzielt.

5. .... Lc8—g4
6. Lf1—e2 Sb8—c6
7. 0—0 0—0—0
8. c2—c3 ....

Vorzuziehen war wohl 8. d3.

8. .... e7—e5

Schwarz spielt konsequent darauf, den befreienden Bauernvorstoß d2.—d4 des Gegners zu verhindern. An der Rückständigkeit des d-Bauern geht denn auch schließlich das weiße Spiel zugrunde.

9. h2—h3 Lg4—h5
10. b2—b4 e5—e4
11. Sf3—e1 Lh5—e2:
12. Dd1—e2: f7—f5
13. f2—f3? Lf8—b4:
14. f3—e4: ....

Natürlich nicht 14. cb wegen Dd4†.

14. .... Lb4—c5†
15. Kg1—h1 f5—e4:
16. Tf1—f4 ....

Nach 16. Dg4†, Kh8 17. Dg7:, Thg8 18. Df6, e4 19. Sf3, Tdf8 20. Dh6, e3 wird der schwarze Angriff übermächtig.

16. .... Td8—e8
17. Lc1—b2 Th8—f8
18. c3—c4 Dd5—e6
19. Tf4—f8: ....

Oder 19. Dg4, Dg4: 20. Tg4:, Tf1† 21. Kh2, Lg1† 22. Kg3, Lf2† bzw. 22. Kh1, Ld4 ∓.

19. .... Te8—f8:
20. Se1—f3 ....

Auch 20. Lg7: nützt nichts, z. B. 20. .... Tf2 21. Dh5, Tf1† 22. Kh2, Lg1† und gewinnt eine Figur. Auch 22. .... Dd6† genügt. Es könnte sich folgende hübsche Variante ergeben: 23. g3, Lg1† 24. Kh1, Lf2† 25. Kg2, Tg1† 26. Kf2:, Dg3‡ 27. Ke2, Dg7: 28. Tc1, Sd4† 29. Kd1, Te1‡ 30. Ke1:, Dg1‡.

20. .... De6—g6

Hier kam auch das Qualitätsopfer Tf3: nebst Dh3‡ in Betracht, wenn es auch nicht schneller gewinnt.

21. Sf3—h4 Dg6—e6
22. Sh4—f3 De6—e7
23. Sf3—g1 ....

Oder 23. Sh2, Ld4 24. Ld4:, Sd4 ∓.

23. .... g7—g6

Nach 23. .... Ld4 24. Ld4:, Sd4: ist das schwarze Stellungsübergewicht noch klarer.

24. Ta1—e1 Tf8—f2
25. De2—g4 De7—d7
26. Dg4—d7‡ ....

Oder 26. De4:, Dd2: 27. De8†, Sd8 28. Te2, Te2: 29. De2:, De2: 30. Se2 ∓.

26. .... Kc8—d7:
27. Lb2—c3 Le5—d4
28. Sg1—e2 Ld4—c3:
29. Se2—c3: Tf2—d2:
30. Sc3—e4: Td2—a2:
31. Se4—c5† Kd7—c8
32. Te1—e8† Sc6—d8
33. Sc5—b7: Kc8—b7:
34. Te8—d8: ....

Nach dem Abtausch hat Schwarz in dem freien a-Bauern ein klares, leicht zum Gewinn führendes Übergewicht. Es geschah noch: 34. .... a7—a5 35. Td8—d1, a5—a4 36. Td1—c1, a4—a3 37. Kh1—h2, Ta2—b2 38. Tc1—c3, a3—a2 39. Tc3—a3, Kb7—c6 40. Ta3—a5, Kc6—b6 41. Ta5—a4, Kb6—c5 42. Kh2—g3, Kc5—d4 Weiß gab auf.

Neunte (letzte) Runde, gespielt am 24. August.

Gilg konnte knapp gegen Klieber gewinnen, während Dr. Palitzsch über dessen Rivalen Baumgartl siegte, so daß Gilg unbestrittener erster Sieger wurde. Trinks gewann gegen Chmellarz, der sichtlich überanstrengt war, bereits im 8. Zuge! Linhart lieferte zum Schluß eine schöne Angriffspartie gegen Gröger, während Dr. Michalitschke nach ermüdendem Kampfe gegen Dr. Schindler die Waffen strecken mußte. Schlußstand: Gilg 7½, Baumgartl 6½, Dr. Palitzsch, Trinks 6, Dr. Schindler 5, Klieber 4, Chmellarz, Gröger 3½, Linhart 2½, Dr. Michalitschke ½.

Partie Nr. 68.
Damengambit.

	Weiß: Gilg	Schwarz: Klieber
1.	d2—d4	d7—d5
2.	Sg1—f3	e7—e6
3.	e2—e3	Sb8—d7
4.	Lf1—d3	Lf8—d6
5.	c2—c4	c7—c6
6.	Sb1—d2	Sg8—f6
7.	0—0	0—0
8.	e3—e4	d5—e4:
9.	Sd2—e4:	Sf6—e4:
10.	Ld3—e4:	Sd7—f6
11.	Le4—c2	Dd8—c7
12.	Dd1—d3	....

Diese Partie führte nach einer etwas ungewöhnlichen Eröffnung zu einem sehr zurückhaltend gespielten, schwer verständlichen Mittelspiel. Nach dem 30. Zuge von Weiß ergab sich folgende Stellung:

(S. Stellungsbild.)

Weiß hat einen Freibauern, mit dem er die Partie gewinnt. Das Spiel nahm folgenden Verlauf:

31.	Td1—d7	Tf8—f7
32.	Td7—d8†	Tf7—f8

Stellung nach dem 30. Zuge von Weiß.

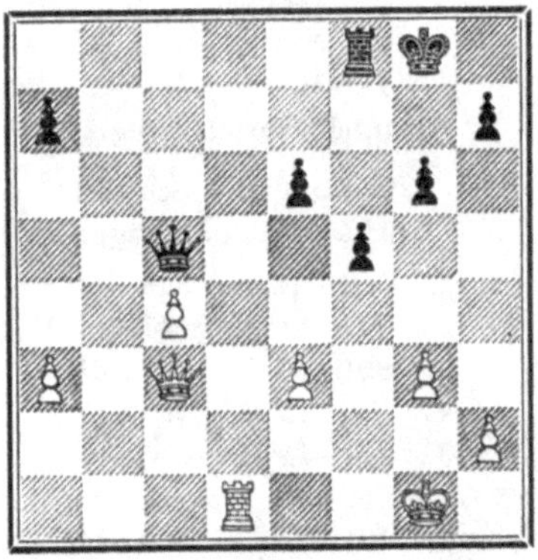

33.	Td8—f8‡	Dc5—f8:

Auf Kf8: folgt Df6† nebst De6:.

34.	c4—c5	Df8—c8
35.	c5—c6	Dc8—c7
36.	a3—a4	Kg8—f7

Ob an dieser Stelle a5, wie nach der Partie behauptet wurde, wesentlich besser war, erscheint fraglich.

37.	a4—a5	Kf7—e7
38.	Dc3—c5†	Ke7—e8
39.	Kg1—f2	Dc7—e7
40.	Dc5—b5	....

Mit De5 konnte Weiß wohl schneller gewinnen.

40.	....	De7—c7

41. Kf2—e2 Ke8—e7
42. Db5—c5† Ke7—e8
43. Ke2—d3 e6—e5
44. Kd3—c4 f5—f4
45. e3—f4: e5—f4:
46. Kc4—b5 f4—g3:
47. h2—g3: Dc7—g3:
48. Dc5—a7: Dg3—b3†
49. Kb5—a6 Db3—c4†
50. Ka6—b7 Ke8—e7
51. Kb7—b8† Ke7—d6
52. c6—c7 Schwarz gab auf.

Partie Nr. 69.

Grünfeld-Verteidigung.

Weiß:	Schwarz:
Linhart	Gröger

1. d2—d4 Sg8—f6
2. c2—c4 g7—g6
3. Sb1—c3 d7—d5
4. Sg1—f3 Lf8—g7
5. Lc1—f4 0—0
6. e2—e3 c7—c6
7. Lf1—d3 d5—c4:
8. Ld3—c4: Lc8—e6?

Damit verursacht Schwarz eine fürchterliche Schwäche in seinem Spiel, an der er letzten Endes zugrunde geht.

9. Lc4—e6: f7—e6:
10. Dd1—b3 Dd8—c8
11. Sf3—g5 Sf6—d5
12. Lf4—g3 Sb8—a6
13. Sc3—e4 Dc8—d7
14. h2—h4 ....

Die Einleitung zu einem schneidig durchgeführten Angriff.

14. .... Ta8—d8
15. h4—h5 b7—b6
16. h5—g6: h7—g6:
17. Ta1—c1 Td8—c8
18. a2—a3 ....

Damit nach Dc2 nicht Sb4 folgen kann.

18. .... Sa6—c7
19. Db3—c2 Sc7—b5

Schwarz ahnt noch nicht das bevorstehende Verhängnis.

20. Se4—c5! b6—c5:

Auf De8 folgt Sce6: mit Qualitätsgewinn.

21. Dc2—g6: Sd5—f6
22. Th1—h7! Sf6—e8
23. Th7—g7† Se8—g7:
24. Dg6—h7‡

Partie Nr. 70.

Sizilianische Verteidigung.

Weiß:	Schwarz:
Dr. Palitzsch	Baumgartl

1. e2—e4 c7—c5
2. Sg1—f3 e7—e6
3. Sb1—c3 a7—a6
4. d2—d4 c5—d4:
5. Sf3—d4: Dd8—c7

6. g2—g3 ....

Neben der Behandlung mit c4 ist auch diese Fianchettierung des Königsläufers gegen die Paulsenvariante viel gespielt worden.

6. .... Lf8—b4
7. Lc1—d2 Sb8—c6
8. Sd4—c6 ....

Für gewöhnlich geschieht hier Sb3, weil mit Sc6: die schwarzen Bauern im Zentrum stark werden. Die Voraussetzung dafür ist freilich der Zug d5, zu dem Schwarz in dieser Partie nicht kommt.

8. .... b7—c6:
9. a2—a3 ....

Das naheliegende Dg4 ist schlecht wegen De5! 10. f4, Dd4 usw.

9. .... Lb4—e7
10. Ld2—f4 d7—d6

Damit ist d5 unmöglich geworden. Schwarz fürchtete wohl nach Dd8 die Fortsetzung 11. Dg4, welche die Schwächung g6 erzwingt, da Lf6 wegen e5 nicht geht. Nunmehr kann auf Dg4 der Zug Lf6 folgen. Schwarz sollte trotzdem Dd8 spielen und g6 in Kauf nehmen, denn die damit verbundene Schwächung ist unerheblich gegenüber dem Verzicht auf den positionell gebotenen Vorstoß d5.

11. Lf1—g2 Sg8—f6
12. 0—0 0—0
13. Dd1—e2 ....

Droht e5.

13. .... a6—a5
14. Sc3—a4 ....

Bringt den Springer abseits und macht (nach c4) die Damenflügel-Bauern unterstützungsbedürftig. Allerdings muß auch Schwarz seine Streitkräfte auf dem Damenflügel festlegen, was einen gewissen Ausgleich schafft, jedenfalls aber das Schwergewicht der Partie auf den Damenflügel verlegt.

14. .... Lc8—a6
15. c2—c4 Sf6—d7

Um Sc5 zu verhindern.

16. b2—b3 Tf8—b8
17. De2—c2 e6—e5
18. Lf4—e3 Sd7—f8
19. Sa4—c3 ....

Schwarz plant offenbar Sf8—e6—d4. Weiß will dagegen d4 so stark unter Feuer halten, daß Schwarz, um seinen Plan auszuführen, c5 als Vorbereitung spielen muß, worauf sich der weiße Springer auf d5 beherrschend festsetzen und Bd6 dauernd rückständig bleiben soll.

19. .... Sf8—e6
20. Tf1—d1 Le7—f6
21. Sc3—e2 c6—c5
22. Se2—c3 Se6—d4
23. Le3—d4: c5—d4:

Schwarz hat mit seinem Manöver im Grunde nichts gewonnen, denn der Freibauer hat keine Aussichten und wird durch den rückständigen Bauern mindestens wett gemacht. Dadurch, daß Schwarz mit dem c-Bauern statt mit dem e-Bauern wieder schlägt, bekommt er aber ganz offenkundig die schlechtere Stellung, denn nunmehr hat Weiß die Bauernmajorität auf dem Damen flügel, die schließlich entscheidend wird.

24. Sc3—d5 Dc7—d8

25. Td1—d3 La6—b7
26. Ta1—f1 Lb7—d5:
27. e4—d5: Tb8—c8
28. Lg2—e4 g7—g6

Vorbeugend gegen einen Angriff auf der Diagonale und f5 vorbereitend.

29. f2—f4 e5—f4:
30. Tf1—f4: Lf6—g7

Verhindert Tdf3, was mit f5 nebst Le5 beantwortet werden würde.

31. Tf4—f1 Ta8—a7
32. Td3—f3 Ta7—e7
33. Le4—d3 Dd8—b6
34. Kg1—h1 Te7—e3
35. Kh1—g2 Te3—f3:
36. Tf1—f3: Tc8—e8
37. Tf3—f1 Te8—e3
38. Tf1—b1 ....

Nunmehr droht das Vorgehen der Bauern des Damenflügels und es ist klar, daß Schwarz positionell verloren ist. In richtiger Erkenntnis dieser Sachlage versucht daher Schwarz mit einem direkten Königsangriff die Partie noch zu retten.

38. .... Db6—d8
39. b3—b4 Lg7—e5
40. Tb1—f1! ....

Weiß muß unbedingt etwas zur Sicherung seines Königs tun. Nach 40. b5?, Dg5! wäre er verloren, denn nun käme er ein Tempo zu spät zur Deckung des Punktes g3; Schwarz würde dann fortfahren: 41. .... Lg3: 42. hg, Tg3‡ 43. Kh1 (Kh2, Dh4‡), Dh5† 44. Dh2, Df3† nebst Dg2‡ oder 43. Kf1, Tg1† nebst De3‡ oder 43. Kf2, De3† nebst Tg1‡.

40. .... Dd8—g5
41. Tf1—f3 h7—h5
42. b4—b5! ....

Weiß muß seiner Sache sehr sicher sein, um in dieser recht bedrohlich aussehenden Stellung keinen weiteren Verteidigungszug zu machen. In der Tat braucht er das Vorrücken des h-Bauern nicht zu fürchten, da er auf hg einfach h3 antwortet.

42. .... Te3—f3:
43. Kg2—f3: Dg5—e3†
44. Kf3—g2 h5—h4
45. b5—b6 Le5—g3:

Auf hg folgt h3, auf h3† folgt Kh3:, der Textzug ist also die einzige, etwas Aussicht bietende Möglichkeit.

46. b6—b7 ....

Mit hg würde Weiß seinem Gegner ein Remis gestatten: Dg3‡ 47. Kf1, Df3† 48. Ke1, Dg3†! 49. Kd1, Dg1† usw. mit Dauerschach; will Weiß mit Zwischensetzen der Dame ausweichen, so folgt Dd3: und Schwarz hat sogar Gewinnaussichten.

46. .... h4—h3†
47. Kg2—h3: ....

Auf Kf1 oder Kh1 folgt natürlich Matt durch Df1.

47. .... Lg3—e1†
48. Kh3—g2 Le1—d2
49. b7—b8D† Kg8—g7
50. Db8—d6: Schwarz gab auf.

II. Hauptturnier B.

Partie Nr. 71.

Sizilianische Verteidigung.

Weiß:	Schwarz:
Liebitzky	K. Lamprecht

1. e2—e4 c7—c5
2. Sg1—f3 Sb8—c6
3. d2—d4 c5—d4:
4. Sf3—d4: e7—e6
5. Sd4—b5 d7—d6

In neuerer Zeit hält man den nach Sd6† sich ergebenden Verlust der Rochade für nebensächlich und spielt daher häufig 5. .... Sf6 6. Sc3, Lf4 7. Sd6†, Ke7 8. Lf4, e5.

6. Lf1—d3 ....

Theoretisch ist 6. Lf4, e5 7. Le3 Le6 8. Sc3, ab 9. Sa3, Sf6.

6. .... a7—a6
7. Sb5—c3 Sg8—f6
8. 0—0 Lf8—e7
9. Lc1—e3 0—0
10. Sb1—d2 Sf6—d7
11. f2—f4 Le7—f6
12. e4—e5 ....

Damit leitet der ideenreiche Führer der Weißen eine Reihe glänzender Angriffswendungen ein.

12. .... d6—e5:
13. Sc3—e4 e5—f4:
14. Tf1—f4: Lf6—b2:
15. Dd1—h5 ....

Ein unrichtiges Turmopfer. Natürlich darf Schwarz nicht mit 15. .... La1: 16. Dh7‡!, Kh7: 17. Sf6† und 18. Th5‡ fortsetzen, aber nach

15. .... g7—g6!
16. Dh5—h3 ....

konnte er ruhig 16. .... La1: spielen und es ist nicht ersichtlich, wie Weiß Ersatz für den geopferten Turm finden wird.

16. .... f7—f5
17. Ta1—f1 Sd7—f6

Warum nicht 17. .... fe4: 18. Se4:, Sf6 oder 18. Le4:, Ld4 ∓ ?

18. Se4—g5 Sf6—h5
19. Sd2—f3 ....

Hier konnte Weiß durch 19. Th4 einen schönen Angriff erlangen; man sehe die Varianten:

a) 19. .... Se5 20. Le2!, Sf6 21. Th7 ±;

b) 19. .... Ld4 20. Ld4:, Sd4: 21. Th5:, gh 22. Dh5:, De7 23. Se4, fe 24. Tf8‡, Kf8: 25. Sh7†; Kg8 26. Le4:, Sf5 27. Dg6†, Dg7? (27. .... Sg7 remis) 28. Sf6† und gewinnt;

c) 19. .... Lf6 20. Th5:, gh 21. Dh5:, Lg5: 22. Lg5:, De8 23. Th4 nebst Tf3.

19. .... b7—b5
20. g2—g4 ....

Hier lag das Opfer 20. Sh7: nicht

zu ferne: z. B. 20. .... Kh7: 21. g4, fg 22. Dh5‡ oder 20. .... Tf7 21. Sfg5, Th7: 22. Sh7:, Kh7: 23. g4, Dg5 24. Tf5±.

20.	....	Lb2–f6
21.	g4–h5:	Lf6–g5:
22.	h5–g6:	h7–h6
23.	Sf3–g5:	Dd8–g5†
24.	Kg1–h1	Lc8–b7
25.	Tf4–f3	....

Hiermit gibt Weiß die letzte Gewinnmöglichkeit aus der Hand: 25. Le4, z. B. 25. .... fe 26. Tf8‡, Tf8: 27. Tf8‡, Kf8: 28. Lg5±, oder 25. .... Kg7 26. Tf5± oder 25. .... De7 26. Tg1±.

25.	....	Dg5–e7
26.	Le3–h6:	Sc6–e5
27.	g6–g7	Tf8–f6
28.	Lh6–f4	Se5–f3:
29.	Dh4–h8†	Kg8–f7
30.	Dh8–h5†	Tf6–g6
31.	Tf1–f3:	Lb7–f3‡
32.	Dh5–f3:	Ta8–g8
33.	Lf4–e5	De7–a7

Weiß gab auf.

Partie Nr. 72.
Sizilianische Verteidigung.

Weiß: Schwarz:
Mattusch J. Lamprecht

Die folgende Partie bietet ein gutes Beispiel der Ausnutzung von Schwächen durch entsprechendes Positionsspiel. Eine eingehendere Erörterung unterbleibt, da in Einzelheiten mancherlei auszustellen wäre.

1.	e2–e4	c7–c5
2.	d2–d4	c5–d4:
3.	Dd1–d4:	Sb8–c6
4.	Dd4–d1	e7–e6
5.	Sb1–c3	a7–a6
6.	g2–g3	g7–g6
7.	Lf1–g2	Lf8–g7
8.	Sg1–e2	Sg8–e7
9.	0–0	0–0
10.	Lc1–e3	Sc6–e5
11.	Dd1–d6	Se5–c4
12.	Dd6–c5	Sc4–e3:
13.	Dc5–e3:	Se7–c6
14.	f2–f4	Dd8–e7
15.	a2–a3	b7–b5
16.	Ta1–d1	Lc8–b7
17.	e4–e5	Ta8–b8
18.	b2–b4	Tf8–d8
19.	Sc3–e4	Lb7–a8
20.	Td1–d2	a6–a5
21.	c2–c3	a5–b4:
22.	c3–b4:	Lg7–f8
23.	Tf1–d1	Kg8–g7
24.	Td2–d6	Tb8–b7
25.	Se4–f6	Tb7–c7
26.	De3–c5	Td8–c8
27.	Dc5–b5:	Tc7–b7
28.	Db5–b7:	La8–b7:
29.	Tb6–d7	De7–d7:
30.	Td1–d7:	Lb7–a8
31.	Td7–d3	Sc6–a7
32.	Lg2–a8:	Tc8–a8:
33.	Sf3–d4	Ta8–d8?
34.	Sd4–e6‡	f7–e6:
35.	Td3–d8:	Sa7–c6
36.	Td8–d7†	Schwarz gab auf.

5.

Der Länderwettkampf des Sächsischen Schachbundes gegen den Deutschen Schachverband in der Tschechoslowakei in Dresden 1923

A. Wettkampfbericht.

Von Dr. F. Palitzsch.

Der Plan, einen Länderwettkampf der beiden benachbarten Schachverbände Sachsens und Deutschböhmens zustande zu bringen, bestand schon seit Jahr und Tag. Der Ausführung stellten sich indessen immer wieder erneute Schwierigkeiten entgegen, zumal der junge Deutsche Schachverband in der Tschechoslowakei bisher noch mit seiner eigenen Organisation alle Hände voll zu tun hatte. Endlich war es doch gelungen, den Kampf auf den 26. August zu vereinbaren. Die Ausstellung für Spiel und Sport in Dresden war der gegebene Rahmen für die Veranstaltung, und der Umstand, daß Dr. Palitzsch (Dresden) als reichsdeutscher Vertreter auf der unmittelbar zuvor in Aussig stattgefundenen 2. Tagung des Deutschen Schachverbandes in der Tschechoslowakei anwesend war, half durch persönliche Fühlungnahme die letzten Schwierigkeiten aus dem Wege räumen.

Bereits am Sonnabend waren von überallher die sächsischen und deutschböhmischen Kämpfer nach Dresden geeilt. Paßschwierigkeiten hatten freilich die böhmische Mannschaft auf 10 Spieler zusammenschrumpfen lassen und einige der stärksten Kämpen (Tietz, Karlsbad, Baumgartl und Dr. Krob, Aussig) am Antreten verhindert. Die Folge war, daß nun auch die sächsische Mannschaft zusammengestrichen werden mußte; entgegenkommenderweise traten in erster Linie mehrere Dresdner Spieler zurück, um die von außerhalb gekommenen Vertreter zum Spiel kommen zu lassen. So hatte also auch die sächsische Mannschaft Lücken aufzuweisen, indem z. B. aus der Reihe der sächsischen Meister Dr. Palitzsch (Dresden) fehlte.

Die Veranstaltung wurde eröffnet mit einer Ansprache von K. Röder (Dresden), der als Vorsitzender des veranstaltenden Dresdner Schachvereins die böhmischen und sächsischen Gäste herzlich begrüßte. Blümich (Leipzig) als Vorsitzender des Sächsischen Schachbundes bewillkommnete hierauf die deutschböhmischen Gegner und Dr. Scholze (Teplitz) als stellvertretender Vorsitzender des Deutschen Schachverbandes in der Tschechoslowakei dankte für die Bewillkommnung und freundliche Aufnahme in Dresden. Alsdann begann der Kampf, für dessen unparteiische Durchführung K. Röder (Dresden) von beiden Parteien als Turnierleiter gewählt wurde.

Die erste Entscheidung fiel an Brett 3, wo sich Trinks (Aussig) mit Aljechins Eröffnung gegen Zimmer (Limbach) verteidigt hatte. Der jugendliche, in der exakten Wiener Schule herangebildete Aussiger, der im soeben beendeten Aussiger Turnier ohne Verlustpartie den 3. und 4. Preis mit Dr. Palitzsch geteilt hatte, führte das Spiel korrekt durch und trotzte dem erfahrenen sächsischen Meister rasch ein Remis ab. — Unmittelbar darauf gewann an Brett 7 der sächsische Meister Kühn (Chemnitz) im schneidigen Angriffsstil seine Partie gegen Gröger (Fischern). — Doch der Vorsprung der Sachsen wurde rasch wieder aufgeholt durch den Sieg, den an Brett 5 Dr. Schindler (Petschau) über den sächsischen Meister Dr. Müller (Leipzig) errang, der sich ein grobes Versehen zuschulden kommen ließ. An den übrigen Brettern tobte der Kampf hartnäckiger. Erst kurz vor der Mittagspause konnten die Sachsen wieder einen Sieg buchen, den an Brett 6 der sächsische Meister Blechschmidt (Plauen) in einer umsichtig geführten Partie gegen Thierfelder (Aussig) errang. Doch die Böhmen ließen sobald nicht locker, und an Brett 8 machte Schorr (Teplitz), der bewährte tatkräftige Organisator des deutschböhmischen Schachlebens, den Vorsprung wieder wett, indem er in seiner energischen Art den sächsischen Meister Dr. Riemann (Leipzig) schlug. Unmittelbar vor der Mittagspause endeten dann noch an Brett 9 die Partie Woog (Leipzig) gegen Dr. Michalitschke (Prag) und an Brett 10 die Partie Funk (Bruch) gegen Vetter (Dresden) nach beiderseits gutem Spiel mit remis. Die beendeten sieben Partien ergaben somit für jede Partei zwei Gewinne und drei Remisen, so daß der Kampf bei einem Stande von $3^1/_2:3^1/_2$ abgebrochen wurde. — Die Spannung war aufs höchste gestiegen, als am Nachmittag das Ringen an den drei übrigen Brettern — 1, 2 und 4 — wieder aufgenommen wurde. Hatten doch hier, an den Spitzenbrettern, beide Parteien ihre stärksten Kandidaten postiert: die Sachsen die beiden deutschen Meister Emmrich und Blümich, die Deutschböhmen ihre Titelvorkämpfer Gilg und Lamprecht. Zunächst gelang es an Brett 2 K. Lamprecht (Bruch), nach zähem, vorsichtigem Spiel seine Partie gegen den deutschen Meister Blümich (Leipzig) zum Remis zu führen, was als ein außerordentlicher Erfolg des jungen Bruchers zu bewerten ist. Immer noch stand demnach der Kampf gleich mit 4:4. Da endlich neigte sich die Wage zugunsten Sachsens. An Brett 1 war schon seit einiger Zeit Emmrich (Dresden) gegen Gilg

(Mährisch-Ostrau) in Stellungsvorteil, und trotz umsichtiger Verteidigung des letzteren, vermochte der deutsche Meister durch energisches Spiel seinen Vorteil derart zur Geltung zu bringen, daß Gilg aufgeben mußte. Sachsen führte demnach mit 5:4, und alles hing von der letzten Partie an Brett 4 ab. Hier waren zwei gleichwertige, zähe Gegner aufeinandergestoßen. Trotz hartnäckigen Kampfes vermochte keiner den anderen niederzuzwingen, und so endete schließlich diese Partie zwischen Dr. Scholze (Teplitz) und dem sächsischen Meisterveteranen **Hartewig** (Plauen) mit remis.[1] Damit hatte Sachsen seinen geringen Vorsprung behauptet und den Wettkampf mit $5^1/_2$:$4^1/_2$ gewonnen. Von zehn Partien waren fünf unentschieden geworden, drei hatten die Sachsen, zwei die Deutschböhmen gewonnen.

Der knappe Sieg, den die Sachsen erzielten, will nicht allzuviel beweisen, und der junge Deutsche Schachverband in der Tschechoslowakei, der nicht gerade mit großen Siegeshoffnungen gegen die spielstarken Sachsen angetreten war, kann mit Befriedigung auf das erzielte Ergebnis zurückblicken.

Durch abschließende Ansprachen von Blümich (Leipzig) und Dr. Scholze (Teplitz), in denen die Hoffnung auf ein Gegenspiel und fortdauernde Pflege herzlicher Beziehungen zum Ausdruck kam, wurde die gelungene Veranstaltung beendet. Alle Mitkämpfer erhielten Schachdenkmünzen aus Meißner Porzellan zur dauernden Erinnerung an die schöne Tagung in Dresden.

---

[1] Diese Partie ist als einzige leider verloren gegangen und kann im folgenden nicht veröffentlicht werden.

B. Die Wettkampfpartien.

Bearbeitet von M. Blümich (74, 76, 80), K. Emmrich (73), J. Mieses (79), Dr. F. Palitzsch (77, 78, 81) und O. Trinks (75).

Partie Nr. 73.

Damengambit.

Weiß: Emmrich	Schwarz: Gilg
1. d2—d4	Sg8—f6
2. c2—c4	e7—e6
3. Sb1—c3	d7—d5
4. Lc1—g5	Lf8—e7
5. e2—e3	Sb8—d7
6. Sg1—f3	c7—c6

Eine gute Idee. Schwarz wartet noch mit der Rochade und bereitet zunächst die weitere Entwicklung auf dem Damenflügel vor.

7. Dd1—c2	a7—a6
8. Ta1—c1	h7—h6
9. Lg5—f4	0—0

Schwarz wartet auf Ld3, um mit dc kein Tempo zu verlieren. Weiß hat dies aber durchschaut und durchkreuzt im folgenden den Plan des Gegners, der besser eben schon vorher auf c4 geschlagen hätte.

10. c4—d5:	e6—d5:
11. Lf1—e2	Tf8—e8
12. 0—0	Sd7—f8

Auf 12. .... Sh5 folgt die hübsche Wendung 13. Sd5: (13. .... cd? 14. Lc7).

13. Sf3—e5	Le6—d7
14. Lf4—g3	....

Um nötigenfalls f4 spielen zu können. Weiß steht jetzt schon besser, da Schwarz sich mit den Zügen a6 und h6 gewisse Schwächen geschaffen hat, ohne daß es ihm gelungen ist, als Kompensierung sein geplantes System mit dc, b5, c5 und Lb7 durchzuführen. Weiß droht nun, gelegentlich auf c5 einen Springer festzusetzen.

14.	Sf6—e4

Dies zeigt, daß Schwarz bereits in Verwicklungen sein Heil sucht. 14. .... Le5: 15. Le5:, Sg6 16. Lg3, Se4 17. Se4:, Te4: 18. Db3 befriedigt aber auch nicht recht.

15. Sc3—e4:	d5—e4:
16. Le2—c4	....

Natürlich nicht 16. De4: wegen f6 17. Lc4†, Le6!.

16.	Lc8—e6
17. Dc2—b3	Dd8—e7
18. f2—f4	f7—f6

Damit kommt Schwarz in Nachteil. Der Tausch auf c4 war unerläßlich. Auch 18. .... f5 wäre schlecht wegen 19. d5, z. B. cd 20. Ld5:, Ld5: 21. Dd5†, Kh7 22. Sf7.

19. f4—f5! f6—e5:
20. d4—e5: Ld6—c5

Andere Läuferzüge waren aussichtslos.

21. Lc4—e6: Sf8—e6
22. f5—e6: b7—b6!

Die beste Parade gegen das drohende Tf1—f7—b7:.

23. Tf1—f4! De7—e6:
24. Db3—e6‡ Tc8—e6!
25. Tf4—e4: Ta8—d8

Droht ins weiße Spiel einzudringen. Weiß gibt daher lieber durch die folgende Spielweise seinen Mehrbauern wieder her, um die besseren Endspielchancen zu behalten.

26. b2—b4 Lc5—e7
27. Te4—d4 Td8—d4:
28. e3—d4: Le7—b4:
29. Kg1—f2 b6—b5
30. Kf2—e3 a6—a5

Da der schwarze Turm an c6 gebunden ist, kann das Vordringen des weißen Königs nicht durch Opponieren pariert werden. Schwarz muß also versuchen, sich auf dem Damenflügel eine Gegenchance zu schaffen.

31. Ke3—e4 Lb4—e7

Auch 31. .... a4 rettet nicht. Auf 31. .... La3 folgt einfach 32. Tc2, z. B. 32. .... a4 33. d5, cd† 34. Kd5:, Kf7 (Te7 35. e6) 35. Tc7†, Le7 36. Le1!.

32. d4—d5 c6—d5‡
33. Ke4—d5: Te6—a6
34. e5—e6 ....

Dieser starke Bauer gewinnt.

34. .... Ta6—a8
35. Tc1—c7 Kg8—f8
36. Lg3—e5! Ta8—d8†

Auf 36. .... g6 gewinnt 37. Ld6, da der weiße König später das Feld f6 hat.

37. Tc7—d7 b5—b4
38. Le5—d6! Td8—c8

Schwarz macht lauter Zwangszüge.

39. Ld6—e7‡ ....

Noch einfacher war 39. Te7:, Te7: 40. Kc5.

39. .... Te8—e7:
40. Kd5—d6 ....

Hübsch, aber 40. Td8† wäre noch zwingender.

40. .... Te7—e8
41. Td7—f7† Kf8—g8
42. Tf7—a7 Kg8—f8
43. e6—e7† Schwarz gab auf, denn auf Kf7 folgt 44. Ta5:, Te7: 45. Tf5†, Ke8 46. Te5.

Partie Nr. 74.
Réti-Verteidigung.

Weiß:		Schwarz:
K. Lamprecht		Blümich
1.	d2—d4	Sg8—f6
2.	Sg1—f3	g7—g6
3.	c2—c4	Lf8—g7
4.	Sb1—c3	d7—d6
5.	e2—e3	Sb8—c6
6.	Lf1—e2	0—0
7.	0—0	Lc8—f5
8.	Sf3—h4	Lf5—d7
9.	Sh4—f3	e7—e5

Durch den Tempoverlust des Weißen (Sf3—h4—f3) kommt Schwarz zu e7—e5, ohne daß Weiß mit de, de, Dd8: die Damen tauschen kann.

10. d4—d5 ....

Nach dem Ineinanderschieben der Bauern hat Schwarz etwas bessere Aussichten, weil seine Figuren die Bauernsperre umgehen können, während das die gegnerischen nicht können.

10. .... Sc6—b8

Auch Se7, Se8 nebst f5 kommt in Betracht.

11. e3—e4 a7—a5
12. Lc1—g5 ....

Besser Le3.

12. .... Sb8—a6
13. a2—a3 h7—h6

Um Dd2 mit Kh7 beantworten zu können. Besser wäre aber Sc5 nebst a4.

14. Lg5—e3 b7—b6
15. h2—h3 Sa6—c5
16. Dd1—c2 Sf6—h5

a5—a4 kam sehr in Betracht.

17. b2—b4 Sc5—a6
18. b4—a5: b6—a5:
19. Dc2—d2 Kg8—h7
20. Ta1—c1 Sa6—c5

Mit f7—f5 hätte Schwarz seinen Stellungsvorteil behauptet. Die Zersplitterung der Bauern gibt dem Weißen Gegenchancen.

21. Le3—c5: d6—c5:
22. Le2—d1 Sh5—f4

Droht Lh3: 24. gh, Dd7. Wegen der starken Springerstellung hat Schwarz den Abtausch auf c5 zugelassen. Der Springer läßt sich aber nicht auf f4 behaupten.

23. Kg1—h2! h6—h5?

Dieser unbedachte Zug bringt Schwarz in Nachteil, weil der Springer nun keinen Rückzug hat. f7—f5 sollte geschehen.

24. Dd2—c2 Ta8—b8
25. Sf3—g1! ....

Droht g2—g3.

25. .... Dd8—c8
26. Tc1—b1 Tb8—b1:
27. Dc2—b1: Lg7—f6

Um wenn nötig h4 nebst g5 zur Rettung des bedrohten Springers zu ziehen.

28. Ld1—a4 g6—g5
29. Da4—d7: Dc8—d7:
30. g2—g3 Sf4—g6
31. Db1—b5 Dd7—b5:
32. Sc3—b5: ....

c4—b5: war stärker. Der Turm wäre dann früher oder später entscheidend über c5 eingedrungen.

32. .... Tf8—c8
33. Tf1—b1 Tc8—b8
34. Sg1—e2 Lf6—e7
35. Se2—c3 Le7—d6
36. Sb5—d6: ....

Damit gibt Weiß den Rest seines Vorteils auf.

36. .... Tb8—b1:
37. Sc3—b1: c7—d6
38. Sb1—c3 Sg6—e7
39. Sc3—b5 Se7—c8
40. Kh2—g2 Kh7—g6
41. Kg2—f3 f7—f5

Kf6 42. Ke3, Ke7 43. Kd3, Sb6 führt zu nichts.

42. e4—f5: Kg6—f5:
43. g3—g4†! h5—g4:

Kg6 ist nicht besser, denn nach 44. Ke3, h4 45. Sc3, Sb6 46. Kd3 nebst Se4 muß der König g6, der Springer d6 decken und Weiß droht mit dem König über a4 einzudringen. Schwarz muß also a5—a4 spielen und, wenn Sc3 geschieht, mit Sb6 decken.

44. h3—g4† Kf5—f6
45. Kf3—e4 Kf6—g6
46. f2—f3 Kg6—f6
47. Ke4—e3 Kf6—e7
48. Sb5—c3 Ke7—f6
49. Sc3—e4† Kf6—g6
50. Ke3—d3 a5—a4
51. Kd3—c3 Kg6—h6

Unentschieden.

Partie Nr. 75.
Aljechin-Verteidigung.

Weiß:	Schwarz:
Dr. Zimmer	Trinks

1. e2—e4 Sg8—f6
2. Sb1—c3 ....

Die Spielweise 2. e5, Sd5 3. c4, Sb6 4. d4, d6! 5. f4, de 6. fe, Lf5!, die die einzige Möglichkeit darstellt, die Eröffnung zu widerlegen, wenn das überhaupt möglich ist, ist für Schwarz sehr günstig, denn die vorgeschobenen weißen Zentrumsbauern bedeuten hier meist für den Anziehenden eine schwere Sorge.

2. .... d7—d5
3. e4—d5: ....

Auf 3. e5 kann sowohl 3. .... d4 4. ef, dc 5. bc, ef als auch 3. .... Sd7 folgen, was Grünfeld für sehr stark hält.

3. .... Sf6—d5:
4. d2—d4 ....

Besser scheint hier 4. Lc4, denn auf 4. .... Sc3:? würde Weiß mit 5. Df3! in ein Abspiel der skandinavischen Partie einlenken. Schwarz würde darauf am besten 4. .... e6 antworten. Der Führer der Schwarzen hatte jedoch die Absicht, 4. Lc4 mit Le6 zu beantworten. Diese originelle Idee scheint wirklich sehr gut zu sein, denn Weiß muß 5. Lb3 ziehen oder sonst irgendwie sich den Läufer decken (es droht 5. .... Sc3:), und Schwarz entwickelt sich mit g7—g6 nebst Lg7 vortrefflich.

4.	....	Lc8—f5
5.	Lf1—d3	Lf5—d3:
6.	Dd1—d3:	Sb8—c6

Wenn sofort 6. .... Sb4, so folgt 7. De2, Dd4: 8. Le3, Dd7 9. Sf3 mit großem Entwicklungsvorsprung für den Bauern.

7.	Sg1—f3	Sd5—b4
8.	Dd3—e2	Sc6—d4:
9.	Sf3—d4:	Dd8—d4:
10.	Lc1—e3	Dd4—e5!
11.	0—0—0	e7—e6
12.	De2—b5†	De5—b5:
13.	Sc3—b5:	Sb4—a6
14.	Td1—d2	c7—c6
15.	Sb5—d6†	Lf8—d6:
16.	Td2—d6:	Ke8—e7
17.	Th1—d1	Th8—d8
18.	Td6—d8:	Ta8—d8:
19.	Td1—d8:	Ke7—d8:
20.	Le3—a7:	....

Weiß spielte nach dem Bauernopfer auf Wiedereroberung des Bauern und hierauf entstand nach mehrfachem Austausch ein gleichstehendes Endspiel, das Remis gegeben wurde.

Partie Nr. 76.
Französische Verteidigung.

Weiß:	Schwarz:
Dr. W. Müller	Dr. J. Schindler

1.	e2—e4	e7—e6
2.	Sg1—f3	d7—d5
3.	e4—d5:	e6—d5:
4.	d2—d4	Lc8—g4
5.	Lf1—e2	Lf8—d6
6.	Sb1—c3	c7—c6
7.	Lc1—e3	Sb8—d7
8.	a2—a3	....

Tempoverlust. Weiß behandelt die ganze Eröffnung äußerst zurückhaltend, während der Gegner sich zielbewußt nach bewährten Mustern aufbaut.

8.	....	Sg8—f6
9.	Le3—g5	Dd8—c7
10.	h2—h3	Lg4—h5
11.	Dd1—d2	0—0
12.	0—0	Tf8—e8

Besser Ta8—e8.

13.	Lg5—e3	Lh5—g6
14.	Sf3—e1	....

Um f4 nebst Se1—f3—e5 zu spielen.

14.	....	Sf6—e4
15.	Sc3—e4:	Lg6—e4:
16.	Le2—d3	f7—f5
17.	f2—f3	f5—f4

Von fraglicher Güte.

18.	f3—e4:	....

Nach Lf2 war nichts los. Jetzt entstehen Verwicklungen, die günstig für Weiß zu sein scheinen.

18.	....	f4—e3:
19.	Dd2—e3:	d5—e4:
20.	Ld3—c4†	....

Es ist nicht einzusehen, warum Weiß den Be4 nicht nimmt. Nach Sf6 11. Db3† nebst Lf3 hat Schwarz einen Bauern ohne ersichtlichen Ersatz verloren.

20.	....	Kg8—h8

21. g2—g4 ....

Um den Springer über g2 zu entwickeln.

21. .... Sd7—f6
22. Se1—g2 Sf6—d5

c6—c5 kam sehr in Betracht. Da 23. dc wegen Dameverlust nicht angeht und 23. c3 an cd 24. cd, Dc4: scheitert, bleibt nur Kh1 oder d5. In beiden Fällen muß die Dame von e3 weg, so daß der Be4 gefährlich wird, z. B. 23. Kh1, cd 24. Dd4:, Lc5 oder 23. d5, b5 24. Lb5:, Sd5: 25. Dd2, Ted8.

23. Lc4—d5: c6—d5:
24. c2—c3 Te8—f8
25. Tf1—f8:? ....

Die Vorbereitung des folgenden feisten Bockes. 25. De2 mußte geschehen. Lh2† 26. Kh1, Dg3 ist nicht zu fürchten, denn nach 27. Tf8‡, Tf8: 28. Tf1, Tf1† 29. Df1, h6 30. Df8†, Kh7 31. Df5†, Kh8 32. Dd5: steht Weiß besser, z. B. Dh3: 33. Dh5:. 28. .... Te8 scheitert an 29. Sf4. Auf andere Züge aber kann Weiß mit Se3 nebst Tausch der Türme wahrscheinlich bald den Bd5 erobern und hat dann gute Gewinnaussichten.

25. .... Ta8—f8:
26. Ta1—f1? ....

Ein krasser Fall von Schachblindheit.

26. .... Ld6—h2†

Aufgegeben.

Partie Nr. 77.

Damenbauernspiel.

Weiß:	Schwarz
Thierfelder	Blechschmidt

1. d2—d4 d7—d5
2. Sg1—f3 Sg8—f6
3. Lc1—f4 e7—e6
4. e2—e3 c7—c5
5. c2—c3 ....

Die sogenannte Stonewall-Aufstellung, die in der Regel zu einem sehr trockenen Positionsspiel führt.

5. .... Sb8—c6
6. Sb1—d2 Sf6—h5
7. Lf4—g3 Sh5—g3:
8. h2—g3: a7—a6
9. Ta1—c1 ....

Zu schablonenhaft gespielt. Da der c-Bauer nicht auf c4 steht und die c-Linie daher nicht geöffnet werden kann, kommt der Turm auf der c-Linie nicht zur Geltung. Dagegen wird Ba2 schutzlos, was Schwarz schlagfertig ausnutzt. Durch die hieraus sich ergebenden Züge wird Bb2 zu einer offenkundigen Schwäche gestempelt.

9. .... Dd8—a5
10. a2—a3 c5—c4
11. Dd1—c2 h7—h6
12. Lf1—e2 Lf8—d6
13. e3—e4 Da5—c7
14. e4—d5: e6—d5:
15. Sf3—h4 Sc6—e7
16. g3—g4 g7—g6
17. g2—g3 Ld6—g3:

Ein Opfer, das zwar keine zwingende Fortsetzung ergibt, aber in Anbetracht der schlechten Stellung des Weißen spielbar erscheint, zumal für den Läufer 3 Bauern eingetauscht werden.

18.	Sh4—g2	Lg3—d6
19.	Le2—f3	Lc8—e6
20.	Ke1—f1	0—0—0
21.	b2—b3	....

Weiß, der sich in trostloser Stellung befindet, geht mit seinen Bauern nicht mehr kleinlich um. Sein Versuch, die Linien zum Angriff auf den König zu öffnen, ist in seiner Lage als letztes Hilfsmittel verständlich.

21.	....	Ld6—a3:
22.	Tc1—a1	c4—b3:
23.	Dc2—b3:	La3—d6
24.	Ta1—b1	Td8—d7
25.	Tb1—b2	b7—b5
26.	Db3—a2	Dc7—b6
27.	Sg2—e1	Td7—c7

Damit ist der Angriffsversuch des Weißen bereits erstickt und Schwarz geht zum Gegenangriff über. Das weiße Spiel bricht nun mehr und mehr zusammen.

28.	Da2—b3	Kc8—b8
29.	Se1—d3	Th8—c8
30.	Sd2—b1	f7—f5
31.	Th1—h6:	f5—g4:
32.	Lf3—e2	Tc8—f8
33.	Kf1—g1	Le6—f5
34.	Sd3—b4	Ld6—b4:
35.	Db3—b4:	Db6—f6
36.	Sb1—d2	Lf5—c8
37.	Th6—h2	Df6—f4
38.	Le2—f1	g4—g3
39.	f2—g3:	Df4—g3‡

Weiß gab auf. Auf Tg2 folgt De3† 41. Kh1, Lh3 usw., auf Kh1 folgt Lf5 und auf Lg2 ergibt sich De3† 41. Kh1, De1† nebst Matt in 2 Zügen.

Partie Nr. 78.
Grünfeld-Verteidigung.

	Weiß: Kühn	Schwarz: Gröger
1.	d2—d4	Sg8—f6
2.	Sg1—f3	g7—g6
3.	b2—b3	....

Diese Art der Aufstellung gegen die von Schwarz gewählte Grünfeldsche Verteidigung scheint nicht schlecht zu sein.

3.	....	d7—d5
4.	Lc1—b2	Lf8—g7
5.	e2—e3	a7—a6
6.	Sb1—d2	Sb8—c6
7.	c2—c4	e7—e6
8.	Ta1—c1	Sc6—e7
9.	Lf1—d3	c7—c6
10.	Sf3—e5	0—0
11.	h2—h4	....

Der Weiße, ein bekannter scharfer Angriffsspieler, hat nur auf die Rochade von Schwarz gewartet, um sofort gegen die Rochadestellung einen Angriff zu unternehmen.

11.	....	Sf6—d7?
12.	h4—h5	g6—g5
13.	h5—h6!	Lg7—h8
14.	Dd1—g4	....

Damit wird der Springerrückzug von Schwarz im 11. Zuge als fehlerhaft erwiesen. Schwarz macht einen Verteidigungsversuch, der jedoch ungenügend ist, worauf sein Spiel rasch zusammenbricht.

14. .... Sd7–e5:
15. d4–e5: ....

Nun wirkt auch der Läufer von b2 aus mit, dessen Stand daselbst zunächst recht aussichtslos aussah.

15. .... Se7–g6
16. Th1–h5 Lh8–e5:
17. Lb2–e5: Sg6–e5:
18. Th5–g5‡ Se5–g6
19. Ld3–g6: f7–g6:
20. Tg5–g6‡ ....

Schwarz gab auf, denn auf Annahme des Turmopfers folgt Matt in zwei Zügen, auf Kh8 folgt Dd4† und auf Kf7 folgt Tg7†; jedesmal mit baldigem Matt. Eine schneidig durchgeführte Angriffspartie.

Partie Nr. 79.
Sizilianische Verteidigung.

Weiß:	Schwarz:
Schorr	Dr. Riemann

1. e2–e4 c7–c5
2. Sg1–f3 e7–e6
3. d2–d4 c5–d4:
4. Sf3–d4: Sb8–c6
5. Sd4–c6: ....

Das Nehmen an dieser Stelle gilt nicht für gut, weil Schwarz darauf ein starkes Zentrum bekommt. (Nach dem Handbuch stehen die Spiele nach 6. Ld3 gleich. Sch.)

5. .... b7–c6:
6. Lf1–d3 Sg8–f6

Besser ist sofort d7–d5.

7. 0–0 d7–d5
8. Lc1–g5 Lf8–e7
9. Sb1–d2 Dd8–c7
10. e4–d5: e6–d5:

Schwarz sollte mit dem c-Bauern schlagen.

11. Lg5–f6: Le7–f6·
12. Tf1–e1† Lc8–e6
13. c2–c3 ....

Bei 13. Lf5 kommt nichts heraus. Schwarz antwortet 13. .... 0–0, falls dann 14. Le6:, fe 15. Te6:, Lb2: 16. Tb1, Ld4, so steht Schwarz besser.

13. 0–0
14. Dd1–c2 g7–g6
15. Sd2–f1 Ta8–b8
16. Ta1–b1 Dc7–a5
17. b2–b4! Da5–c7
18. c3–c4! ....

Alles dies ist von Weiß sehr gut gespielt.

18. .... Dc7–d6
19. c4–d5: Le6–d5:
20. a2–a3 Tf8–c8
21. Ld3–c4 Dd6–f4
22. Lc4–d3 Tc8–e8
23. Te1–e2 Df4–g4
24. Sf1–e3 Dg4–g5
25. Tb1–e1 Te8–e7?

Ein Fehler in Zeitnot. Am besten ist wohl Ld5—f3, Te2—d2, Lf6—d4 usw.

26. Se3—d5: Te7—e2: ??

Ein zweiter entscheidender Fehler, aber Schwarz ist bereits in Verluststellung. Falls 26. .... c6—d5:, so 27. Te2—e7:, Lf6e7: 28. Dc2—c7, Tb8—e8 29. Ld3—b5 und Weiß gewinnt.

27. Sd5—f6† ....

Schwarz gab auf.

Partie Nr. 80.
Französische Verteidigung.

Weiß:	Schwarz:
Woog	Dr. Michalitschke

1. e2—e4 e7—d6
2. d2—d4 d7—d5
3. e4—d5: e6—d5:
4. Lc1—e3 Lc8—e6
5. Lf1—d3 Sb8—d7
6. Sg1—e2 Lf8—d1

Diese Variante mit den fast identischen Stellungen führt leicht zum Remis. Man entwickelt aber besser erst den Königsflügel; jetzt gelingt es Weiß, einen schwarzen Läufer gegen einen Springer zu tauschen. Er erhält dadurch ein kleines Übergewicht.

7. Se2—f4 Sg8—f6

Df6 scheitert an Sh5. Besser war aber De7, denn der Be6, den Schwarz nun erhält, ist nicht nur rückständig, er steht auch den eigenen Figuren im Wege. Aus der offenen f-Linie dagegen kann Schwarz keinerlei Nutzen ziehen.

8. Sf4—e6: f7—e6:
9. f2—f4 c7—c5
10. c2—c3 0—0
11. 0—0 Dd8—b6
12. Dd1—e2 Ta8—e8
13. g2—g4 ....

Droht Figurengewinn und schränkt den Gegner weiter ein.

13. .... g7—g6
14. b2—b3 Db6—c7
15. De2—g2 Tf8—f7
16. Sb1—d2 Kg8—g7
17. Ta1—e1 Sd7—f8
18. Sd2—f3 ....

Schwarz ist überspielt, kann sich kaum rühren und muß abwarten, was der Gegner erfindet. Weiß hätte deshalb, ehe er zum entscheidenden Schlag ausholte, erst noch Kh1 spielen sollen, so daß kein Läuferschach mehr möglich ist. Dann drohte auch f4—f5.

18. .... c5—d4:

Sonst geht der Springer nach e5, g5 oder h4, ohne daß Schwarz etwas unternehmen kann.

19. Le3—d4: ....

Jetzt scheitert 19. cd, Lf4: 20. Lf4:, Df4: 21. Se5 an der Stellung des Königs auf g1 (Dd4†).

19. .... Ld6—f4:
20. g4—g5 e6—e5!
21. g5—f6† Tf7—f6:

(S. Stellungsbild.)

22. Te1—e5: ....

Eine sehr verwickelte Stellung, die Weiß wegen Zeitnot nicht völlig durchrechnen konnte. Mit 22. Lb5, Te7 23. Lf2, Dc3: 24. La7:, b6 25. Lb8 konnte er den gewonnenen

Stellung nach dem 21. Zuge von Schwarz.

Offizier behaupten. Der Textzug ist besser als Se5:, denn er stellt noch eine Falle.

22.	....	Te8–e5:!

Falsch wäre Se5: wegen 23. Se5:, Te5: (Tf1† 24. Lf1:, Te5: 25. Dd5:) 24. Tf6:, Kf6: 25. Dd5:.

23.	Sf3–e5:	Lf4–e5:
24.	Dg2–d5:	Le5–d4‡
25.	Dd5–d4:	Dc7–d6
26.	Tf1–f6:	Dd6–f6:

Nicht Dd4: wegen 27. Tg6‡. Die Partie wurde hier unentschieden gegeben. 27. Da7: konnte immerhin noch versucht werden, z. B. Dg5† 28. Kf2, Dh4† 29. Ke3, Dh3† 30. Kd4, Se6† 31. Ke5, Dh2† 32. Ke6:, Dh3† 33. Ke5, Dd3: 34. Db7†.

Partie Nr. 81.
Grünfeld-Verteidigung.

	Weiß: Funk	Schwarz: Vetter
1.	d2–d4	Sg8–f6
2.	Sg1–f3	g7–g6
3.	c2–c4	Lf8–g7
4.	Sb1–c3	d7–d5
5.	e2–e3	....

Weiß verzichtet hier darauf, e4 zu ermöglichen. Da Schwarz im richtigen Augenblick d5 gezogen hat, würde ihn e4 auch nicht in Nachteil bringen, denn es ergibt sich die Zugfolge: 5. cd, Sd5: 6. e4, Sc3: 7. bc, c5! mit vollauf befriedigendem Spiel für Schwarz.

5.	....	0–0
6.	Lf1–d3	c7–c6
7.	b2–b3	Tf8–e8
8.	Lc1–b2	Lc8–g4
9.	0–0	d5–c4:
10.	Ld3–c4:	Sb8–d7
11.	Lc4–e2	Dd8–c7
12.	Ta1–c1	Ta8–d8
13.	Dd1–c2	Lg4–f3:
14.	Le2–f3:	e7–e5

Dieser Zug mit seinen Folgen ruft eine kurze Verwicklung hervor, die jedoch rasch von beiden Seiten geklärt wird. Danach geht die Partie in der ruhigen und korrekten Art weiter, die sie von Anfang bis Ende auszeichnet.

15. d4–d5 ....

15. de, Se5: würde eine Verbesserung der schwarzen Figurenstellung zur Folge haben.

15. .... c6–d5:

Auch e4 16. Se4:, Se4: 17. Lg7†, Kg7: 18. Le4:, Sf6 19. Lf3, Sd5: wäre angängig.

16.	Sc3–d5:	Dc7–c2:
17.	Tc1–c2:	e5–e4
18.	Sd5–f6‡	Lg7–f6:
19.	Lb2–f6:	Sd7–f6:
20.	Lf3–e2	Sf6–d5
21.	a2–a3	Td8–e8
22.	Tf1–c1	Sd5–b6
23.	h2–h3	Tc8–c2:
24.	Tc1–c2:	Te8–c8
25.	Tc2–c8:	Sb6–c8:

Schwarz hoffte wohl, durch den Abtausch ein Endspiel mit Springer gegen Läufer herbeizuführen, in dem der Springer, wie so oft, die bessere Verwendungsmöglichkeit bieten sollte. Die umsichtige Spielführung des Weißen läßt jedoch keine Gewinnmöglichkeiten entstehen.

26.	Kg1–f1	Kg8–g7
27.	Kf1–e1	Kg7–f6
28.	Ke1–d2	Sc8–d6
29.	a3–a4	b7–b6
30.	Le2–a6	Kf6–e5
31.	Kd2–c3	....

Remis.

6.

Das Problemturnier
des Dresdner Schachvereins 1923

A. Turnierbericht.

Von Dr. F. Palitzsch.

Um auch für das Problemwesen im engeren Bereiche des Sächsischen Schachbundes einmal eine besondere Anregung zu bieten, beschloß der Dresdner Schachverein, im Sommer 1923 ein Problemturnier lediglich für Mitglieder des Sächsischen Schachbundes auszuschreiben. Die Ausstellung für Sport und Spiel in Dresden im Sommer 1923, auf der auch das Schachspiel berücksichtigt wurde, veranlaßte ohnedies den Dresdner Schachverein, im Rahmen der Ausstellung zu Propagandazwecken verschiedene Schachveranstaltungen abzuhalten, so ein Blindspiel von H. Kutscha (Wien), ein Simultanspiel von M. Blümich (Leipzig) und schließlich den Länderwettkampf des Sächsischen Schachbundes gegen den Deutschen Schachverband in der Tschechoslowakei. Die hierdurch hervorgerufene erhöhte schachliche Aktivität des Vereins gab gleichzeitig auch den äußeren Anstoß zur Abhaltung des Problemturniers, das Anfang Juni mit folgendem Wortlaut ausgeschrieben wurde: Der Dresdner Schachverein schreibt anläßlich der Jahresschau für Spiel und Sport ein Problemturnier für direkte Mattaufgaben (Originale) in drei Abteilungen (Zwei-, Drei- und Vierzüger) aus. Teilnahmeberechtigt sind nur Mitglieder des Sächsischen Schachbundes. Jeder Teilnehmer darf in jeder Abteilung bis zu drei Bewerbungen einschicken. Die Einsendungen müssen bis spätestens 31. Juli 1923 an Herrn Otto Krüger, Dresdner Schachverein, Kaffee Zentral (Altmarkt), gelangt sein und außer Lösungsangabe, Name und Adresse des Bewerbers die Mitteilung enthalten, inwiefern der Betreffende dem Sächsischen Schachbunde angehört. Als Preise kommen insgesamt 30000 M. nach freiem Ermessen der Preisrichter zur Verteilung. Das Preisrichteramt haben die Herren Dr. Palitzsch, K. Reichelt und K. Röder übernommen.

Bis zur vorgeschriebenen Frist liefen daraufhin 32 Bewerbungen ein, und zwar 11 Vierzüger, 10 Dreizüger, 11 Zweizüger, die den Preisrichtern in Abschrift zugestellt wurden, so daß weder aus der Handschrift der Einsender noch aus irgendwelchen verräterischen Kennworten ein

Schluß auf die Verfasser und damit eine Beeinflussung der Preisrichter möglich war.

In der Vierzügerabteilung mußten von den eingesandten 11 Problemen 5 als inkorrekt ausgeschieden werden, darunter leider auch Nr. IV und V, die sonst für preiswürdig befunden worden wären. Es sind dies folgende Aufgaben:

I. E. Zimmer. Weiß: Kb2, Tb1, Ld5, Sc1, a6, Bb3, c5; Schwarz: Kb5. Nebenlösung durch 1. Lb7 2. Sa2 (Se2) 3. Sc3† 4. Ta1‡.

II. E. Schönherr. Weiß: Ka3, Ta8, h3, Le2, e5, Sf3, Bb2; Schwarz: Kh8, Td3, g7, Sg8, Bb3, c4, f5, g6, h7. Nebenlösung durch 1. Ld3:, cd 2. Th6 usw., 1. .... h5 2. Lf5: usw.

III. G. Gessner. Weiß: Kb8, Dd2, Tb7, f8, Sd7, e3, Bc2, c6, g5; Schwarz: Kd4, Ta1, La6, Sh2, f2, Bc3, d3, d5, g6. Nebenlösig durch 1. Df2: nebst Matt in 3 Zügen.

IV. Dr. R. Leopold. Weiß: Kg5, Td5, f1, Ld1; Schwarz: Ke3, Be5. Nebenlösig durch 1. Lg4, e4 2. Tfd1 3. T5d2† usw.

V. H. Riemann. Weiß: Kg2, Da2, Te8, g5, La8, h2, Sg4, Be2; Schwarz: Ke4, Dd5, Te6, Lc2, Se5, e7, Bc7. Unlösbar nach 1. Da7, c5!

Von den verbleibenden 6 Bewerbungen wurden 4 als preiswürdig erkannt und mit folgenden Auszeichnungen bedacht: 1. Preis Dr. W. Schlüter (Mittweida), 2. Preis Dr. R. Leopold (Dresden), 3. Preis Dr. W. Schlüter; ehrende Erwähnung E. Schönherr (Dresden). Diese Probleme sind nachstehend als die Nr. 1—4 veröffentlicht.

In der Dreizügerabteilung wurden von den eingesandten 10 Problemen 4 als nebenlösig ausgeschieden:

I. E. Schönherr. Weiß: Kb4, Dc7, Td2, Lf7, Ba2, e2, g3, g4; Schwarz: Kf6, Sb6, Bb5, g5, g6. Nebenlösig durch 1. Lg6: usw.

II. A. Böhme. Weiß: Ke1, Dc7, Lh8, f1, Sd3, Ba2, e3, h3, h4; Schwarz: Kd5, Bg7, h6. Nebenlösig durch 1. Sc5 usw.

III. G. Gessner. Weiß: Ka5, Db1, Tb2, c5, Lc3, h1, Sh3, Be3, e4; Schwarz: Kd6, Tg2, h2, Lg4, Sf6, Ba6, b4, d7, e6, e7. Nebenlösig durch 1. Dd3† oder 1. Td2† usw.

IV. G. Gessner. Weiß: Kf3, Dh7, Ta4, Lc3, e8, Sh5, Bb2, b6, c7, d4, e2, g5, h4; Schwarz: Ke6, Lb1, Sc8, d6, Ba2, a6, c2, g7. Nebenlösig durch 1. Dg6†, Ke7 2. Lb4 oder 1. Dg8† usw.

2 weitere Bewerbungen, beide von Dr. E. Zimmer, erfüllten nicht die Bedingungen der Originalität, indem das eine unter seinem Namen bereits in der Bayerischen Staatszeitung kurz zuvor veröffentlicht worden war, während das andere ein alter Fund von Anderssen (Anderssenbuch Nr. 75) ist, den seither schon fast jeder Problemkomponist auf seinem Werdegange einmal nachempfunden hat.

Die verbleibenden 4 Bewerbungen boten so wenig, daß die Preisrichter in dieser Abteilung nur eine ehrende Erwähnung an Dr. E. Zimmer (Limbach) vergeben konnten; dieses Problem ist nachstehend als Nr. 5 abgedruckt.

In der Zweizügerabteilung erwies sich von den eingesandten 11 Bewerbungen nur 1 Problem als inkorrekt, leider gerade das beste, das sonst sicher den 1. Preis erhalten hätte:

I. E. Ullrich. Weiß: Kf2, Db5, Te4, g4, Lb2, Sd1, e8, Bb6; Schwarz: Kd5, Tc7, Lc8, Sa2, f5, Bb3, b7, c5, d7, e5, e6, f3, f6. Unlösbar nach 1. Tg5, Ke4:!

Unter den verbleibenden 10 Bewerbungen wurden folgende 3 Preisträger ausgewählt: 1. Preis E. Ullrich (Dresden), 2. Preis Dr. R. Leopold (Dresden), 3. Preis E. Ullrich. Diese Probleme sind nachstehend als die Nr. 6—8 abgedruckt.

Alles in allem muß die Veranstaltung, die als ein erstmaliger, kühner Versuch zu betrachten ist, als recht gelungen bezeichnet werden. Sind doch namentlich in der Vierzügerabteilung einige recht wertvolle Arbeiten zutage gefördert worden. Vor allem aber muß das Dresdner Problemturnier als bahnbrechend dafür angesehen werden, daß es daraufhin der Sächsische Schachbund von sich aus wagen konnte, die Veranstaltung sächsischer Problemturniere in sein Programm aufzunehmen.

B. Die Preisprobleme.

1.

I. Preis.

Dr. W. Schlüter.

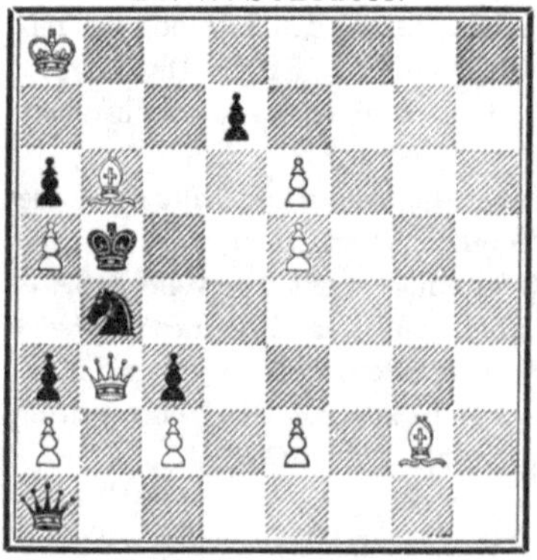

Matt in 4 Zügen.

2.

II. Preis.

Dr. R. Leopold.

Matt in 4 Zügen.

3.

III. Preis.

Dr. W. Schlüter.

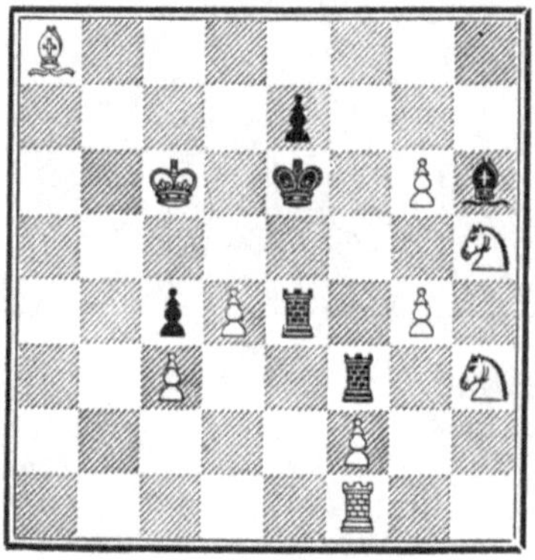

Matt in 4 Zügen.

4.

Ehrende Erwähnung.

E. Schönherr.

Matt in 4 Zügen.

5.
Ehrende Erwähnung.
Dr. E. Zimmer.

Matt in 3 Zügen.

6.
I. Preis.
E. Ullrich.

Matt in 2 Zügen.

7.
II. Preis.
Dr. R. Leopold.

Matt in 2 Zügen.

8.
III. Preis.
E. Ullrich.

Matt in 2 Zügen.

Lösungen.

1.

1. Ld5 (droht 2. Lc4† 3. Da4 matt), Dh1 2. Lh1: (droht 3. e7 4. e8D matt), de 3. e4, Kc6 4. Da4 matt. Der Inhalt des Problems ist folgender: Weiß zwingt die schwarze Dame nach h1, um sie daselbst schlagen zu können und auf diese Weise schließlich eine Zugzwangs-

position herbeizuführen, die mit einer Loydschen Schnittpunktkombination ausgenutzt werden kann. Die Schnittpunktkombination Loyds besteht bekanntlich darin, daß zur Verhütung eines drohenden Patts eine weiße Figur (hier der Läufer) völlig ausgeschaltet werden muß, indem man sie einen kritischen Zug (Ld5—h1) ausführen läßt und sie hierauf für dauernd durch Besetzung des kritischen Feldes oder Schnittpunktes (e4) verstellt. Dieser Gedankengang ist in dem preisgekrönten Problem mit großer Präzision und Formvollendung (reine Mattstellung!) herausgearbeitet. Er ist insofern neu, als die Loydsche Schnittpunktkombination bisher in Verknüpfung mit einer vorausgehenden Lenkung noch nicht dargestellt worden ist.

2.

1. Th2 (Zugzwang), f5 2. Sh5 (droht 3. Shf6 4. T matt), gh 3. gh, Lg6 4. hg matt. 1. .... g5 2. Sf5 3. Sf6 oder Sd6 4. T matt oder S matt. Wie der 1. Preisträger der Vierzügerabteilung, so entstammt auch dieses Problem dem indischen Ideenkreis. Es handelt sich um einen Schnittpunkt auf h5, den der Turm im kritischen Einleitungszuge überschreiten muß. Der Schnittpunkt ist allerdings zunächst recht verschleiert, denn man denkt immer daran, den Springer irgendwie als Sperrstein zu verwenden, ahnt aber nicht, daß schließlich der Bauer den Sperrstein abgibt. Denn der Bauer sperrt den Turm nicht in horizontaler Richtung ab, wie wir es sonst gewöhnt sind, wobei später durch einfaches Abziehen die Sperrung wieder aufgehoben werden kann, sondern in vertikaler Richtung, aus der der Bauer an sich überhaupt nicht wieder abziehen kann. Das ist das Neuartige dieses Problems. Nur dadurch, daß Schwarz unter Zugzwang eine Schlagmöglichkeit für den Sperrbauer bieten muß, ist schließlich doch noch eine Wiederöffnung der Linie möglich. Alles dies wirkt recht überraschend und läßt von dem ersten Zuge, den man instinktiv zunächst versucht, immer wieder abkommen und andere Verführungen, die zahlreich vorhanden sind, durchprobieren. So ist das Problem als eine meisterhafte Arbeit zu bezeichnen, die nur infolge ihres naheliegenden Einleitungszuges und ihrer etwas weniger ins Auge fallenden Ursprünglichkeit etwas hinter dem ersten Preisträger zurücksteht.

3.

1. Lb7 (droht Lc8 matt), Tf8 2. f4 (droht d5 matt), Lf4: 3. Sg5† Lg5: 4. Sg7 matt. 2. .... Tef4:, Td4:, Te5 3. Te1 usw. 1. .... Td4, 2. Te1 oder cd usw. Der Gedankengang des Problems ist folgender: Zunächst muß der schwarze Tf3 über das Feld f4 hinübergelenkt werden, damit die weiße Opferbahnungskombination mit dem Zuge f4 erfolgen

kann. Der schwarze Turm muß aber nicht nur über das Feld f4, sondern noch weiter über das Feld f6 hinübergeschoben werden, damit die folgende Opferbahnung überhaupt einen Sinn erhält und der weiße Turm später bis auf das Feld f6 wirken kann. Die Lenkung des schwarzen Turmes nach f8 ist also eine Bahnung für den weißen f-Bauern und gleichzeitig eine Bahnung für die Wirkungskraft des weißen Turmes. Diese Bahnung, die man schwarz-weiße Bahnung nennt, weil ein schwarzer Stein für weiße Steine den Weg bahnt, wird fortgesetzt durch eine weiße Opferbahnung, so genannt, weil ein weißer Stein (f-Bauer) geopfert und weggeschlagen wird, um einem dahinterstehenden anderen weißen Stein (Tf1) den Weg frei zu machen. Mit den Zügen 2. f4, Lf4: wird diese Opferbahnung vorgenommen und mit dem weiteren Zuge 3. Sg5†, Lg5: wird sie sichtbar gemacht. In dieser Weise ist das ganze Problem von verwandten Bahnungsgedanken einheitlich erfüllt. Seiner ganzen Anlage und Durchführung nach gehört es unter die Preisträger. Einige kleine Mängel, wie ein überflüssiger schwarzer Bb5, der in der Wiedergabe weggelassen wurde, ferner der recht unökonomisch wirkende weiße Läufer und schließlich der sehr sinnfällige Lösungszug bewogen die Preisrichter, das Problem auf den 3. Platz zu setzen.

4.

1. Ld3, d5† 2. Sg3, e5 3. Se4, de 4. Le4: matt. 1. .... e5 2. Le4† 3. Ld5: matt. Nur eine Kleinigkeit, aber nicht ohne Reiz. Der Witz besteht darin, die schwarzen Bauern zu meistern unter gleichzeitiger Berücksichtigung des Schachgebots des schwarzen Läufers. Ein weißschwarzes Bauernpaar f6—f7 schien überflüssig und wurde daher beim Abdruck weggelassen. Die Preisrichter hielten das Problem für würdig, durch eine ehrende Erwähnung hervorgehoben zu werden.

5.

1. Dg2, Kb5 2. Db7† 3. Lb4 matt, Db4 matt. 1. .... Kb3 (Kd4) 2. Dg3 3. Dd3 matt (De5 matt). 1. .... ~ 2. Dd5 3. Dd3 matt. Eine äußerst ökonomische Darstellung bekannter Mattbilder. Wenn das Problem auch nicht bedeutend genug ist, um einen Preis zu erhalten, so wurden seine Verdienste doch durch eine ehrende Erwähnung gewürdigt.

6.

1. Sc4 (droht Sd2: matt), Sc4: 2. Dg2 matt. 1. .... Tc4: 2. Da8: matt. 1. .... Sf4: 2. Sg5 matt. 1. .... Sf3 2. Sd6 matt. Ein Mattbilder-Zweizüger mit sechs ökonomischen Varianten, von denen vier außerdem mattrein sind; die beiden übrigen Varianten (1. .... Sf3 2. Sd6 matt

und 1. .... Kf3 2. Sd2: matt) sind auch fast rein und weisen nur auf je einem Feld eine Überdeckung auf. Die ganze Stellung ist luftig und höchst ökonomisch ohne weiße Bauern aufgebaut. Alle diese Vorzüge rechtfertigen die Zuerkennung des 1. Preises, trotzdem sich die Preisrichter wohl bewußt waren, daß im Mattbilder-Zweizüger inhaltlich nichts Neues gebracht werden kann und auch im vorliegenden Problem nicht gebracht wird.

7.

1. Sc8 (droht Dd6 matt), Tc8: 2. f4 matt. 1. .... de 2. Db5 matt. 1. .... ed 2. De2 matt. Ein Mattbild-Zweizüger, ebenso wie der 1. Preisträger in dieser Abteilung. Von vier ökonomischen Varianten sind drei mattrein; diese entstehen jedesmal durch Wegschlagen einer der drei leichten weißen Figuren. Sehr hübsch sind die beiden Parallelspiele mit dem Damen-Fernmatt, einmal in horizontaler, einmal in vertikaler Richtung. Das Ganze wird durch einen problemgemäßen Zug eingeleitet. Das Problem übertrifft somit alle sonstigen Einsendungen und wird selbst nur durch den 1. Preisträger übertroffen.

8.

1. Db5 (Zugzwang), Kf4: 2. Dg5 matt. 1. .... Se~ 2. Sd5 matt. 1. .... Tf1 2. Sg2 matt. 1. .... T~ 2. Tf3: matt. 1. .... Sc~ 2. De5 matt. Es handelt sich um einen sogenannten White to play-Zweizüger, dessen Grundstellung bereits eine Zugzwangstellung ist: auf Se~ würde Sf5 matt, auf Tf1 würde Se2 matt, auf T~ würde Tf3: matt und auf Sc~ würde De5 matt folgen. Weiß kann jedoch, da er keinen gleichgültigen Zug zur Verfügung hat, diese Stellung nicht aufrecht erhalten, sondern muß einen Wechsel in eine andere Zugzwangstellung vornehmen, wobei eine Variante neu auftritt (Kf4:), zwei weitere verändert werden (Se~, Tf1) und zwei in ursprünglicher Form bestehen bleiben. In der Überraschung, die dieser Wechsel der Stellung mit sich bringt, liegt der Reiz des White to play-Problems. Da in diesem Falle von fünf Varianten drei in neuer Form auftreten, ist die Überraschung genügend gewährleistet. Allerdings ist der Unterschied der zwei ursprünglich vorschwebenden Springermatts (Sf5 und Se2) gegen die wirklich zur Ausführung kommenden (Sd5 und Sg2) nicht sehr sinnfällig. Aus diesem Grunde zogen die Preisrichter — unbestochen von der gegenwärtigen White to play-Mode — die Mattbild-Zweizüger des 1. und 2. Preises vor und billigten dem vorliegenden, auf jeden Fall gut konstruierten und preiswürdigen Problem nur den dritten Platz zu.

7.

Die Widmungs- und Lösungsprobleme auf den mitteldeutschen Schachkongressen 1923

2 Probleme vom Kongreß zu Leipzig.

9.

Dr. F. Palitzsch.

Matt in 3 Zügen.

10.

H. Vetter.

Matt in 3 Zügen.

Dem 11. Kongreß des Sächsischen Schachbundes zu Leipzig gewidmet.

9 Probleme vom Kongreß zu Weißenfels.

11.

K. Laue.

Matt in 4 Zügen.

Dr. A. Bierbach, dem Vorsitzenden des Saale-Schachbundes gewidmet.

12.

K. Laue.

Matt in 3 Zügen.

13.

K. Laue.

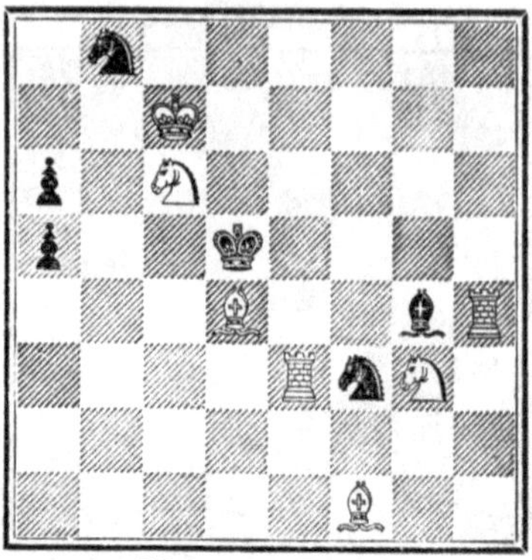

Matt in 2 Zügen.

Dem festgebenden Schachklub zu Weißenfels
zum Kongreß des Saale-Schachbundes gewidmet.

14.

Dr. L. Lazarus.

Matt in 3 Zügen.

Dr. A. Bierbach,
dem Vorsitzenden des
Saale-Schachbundes gewidmet.

15.

Dr. L. Lazarus.

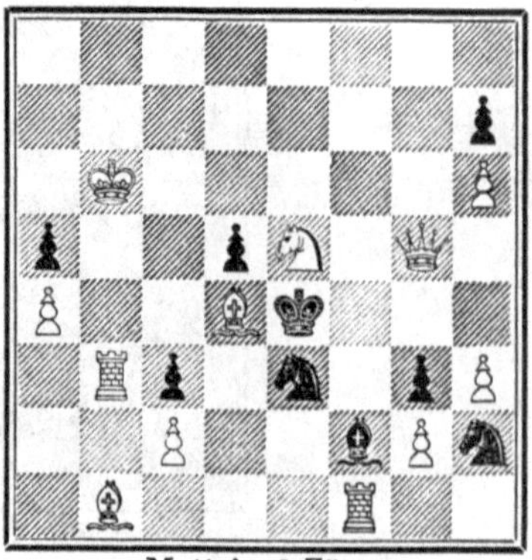

Matt in 3 Zügen.

Der Schachgesellschaft „Roland“
zu Weißenfels gewidmet.

16.

Dr. L. Lazarus.

Matt in 3 Zügen.

17.

G. Spalwingk.

Matt in 2 Zügen.

Dem 41. Kongreß des Saale-Schachbundes zu Weißenfels gewidmet.

18.

G. Spalwingk.

Matt in 2 Zügen.

19.

G. Spalwingk.

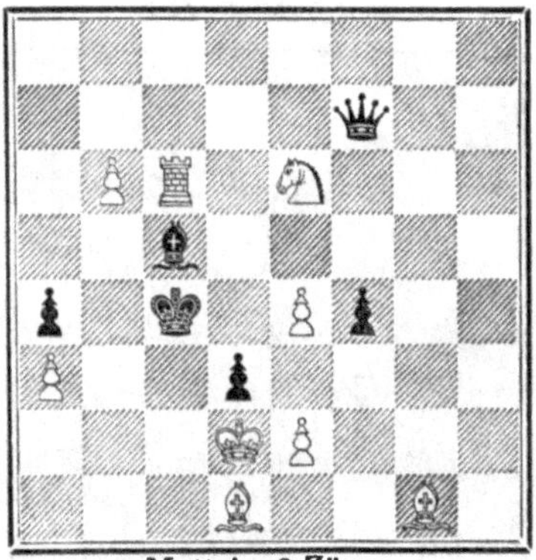

Matt in 2 Zügen.

Dem 41. Kongreß des Saale-Schachbundes zu Weißenfels gewidmet.

3 Probleme vom Kongreß zu Aussig.

20.

Dr. W. Michalitschke.

Matt in 4 Zügen.

Dem Deutschen Schachverbande in der Tschechoslowakei zu seinem 2. Kongreß in Aussig gewidmet.

21.

K. Thierfelder.

Matt in 3 Zügen.

22.

G. Markus.

Matt in 2 Zügen.

Aus dem Lösungsturnier des 2. Kongresses des Deutschen Schachverbandes in der Tschechoslowakei zu Aussig.

2 Probleme vom Länderwettkampf zu Dresden.

23.

R. Bräuer.

Matt in 4 Zügen.

Den deutschböhmischen Gästen gewidmet.

24.

Dr. F. Palitzsch.

Matt in 2 Zügen.

Den sächsischen Vorkämpfern gewidmet.

Lösungen.

9.

1. Kh3 (Zugzwang), d2 (auf andere Züge sofortiges Matt) 2. Dg3, d4 (Kd4, d1 D, d1 S) 3. Dg8‡ (Df4‡, Dc3‡, Dd3‡). Eine Miniatur ohne weiße Bauern. Der König muß gerade nach h3 ziehen, weil er auf den Feldern g3, g4, g5 die Dame behindern würde, auf h5 einem späteren Schachgebot auf d1 ausgesetzt wäre.

10.

1. Da7, Kd4 2. Tb7, Kc3 (Ke3) 3. Sa4‡ (Sd5‡). 1. .... Kf2 2. Sc4† 3. Sd2‡ 1. .... Kf4: 2. Sc4 3. Df7‡. Die Dame bahnt dem Turm den Weg nach b7, von wo aus der Turm in überraschender Weise wirksam wird.

11.

1. Dd7, Kf3 (oder ~) 2. Dg4†, Kg4: 3. Tg2 4. Sf4‡, Sh4‡ 1. .... c1 D 2. Lh4† 3. Tf2† 4. Dh3‡ 1. .... fg 2. Dd6† usw. 1. .... f5 2. Df5: usw. 1. .... Lg5: 2. Se5 usw. Schönes Hauptspiel mit T + L + S = Mattstellungen.

12.

1. Kc5, Ld7: (e6, Ke5) 2. Sd5 usw. 1. .... Le2 2. Sg4 usw. 1. .... Lc4 2. Sc4: usw. 1. .... g2 2. Sg2: usw. 1. .... c2 2. Te7† 3. Sf1‡. Ohne weiße Bauern komponiert, wie die beiden anderen Widmungen desselben Autors.

13.

1. Te6 (droht Td6‡), Ke6: 2. Lc4‡. 1. .... Le6: 2. Se7‡ 1. .... Sd4: 2. Te5‡. Interessant ist, daß die Verführung Th6 (mit derselben Drohung!) an Le6 scheitert, während in der Lösung darauf ein Matt folgt.

14.

1. Sh4, Kd3 2. b3 3. Dd4‡. 1. .... Kd5 2. Dd4† 3. Dd6‡, Sa7‡. 1. .... Ke5 2. Df5‡. Lauter reine Mattbilder, mit D + 2S komponiert (Bayersdorfer-Thema). Vgl. dazu Nr. 23.

15.

1. Sc4: Sc4†† 2. Kc6, Se5† 3. De5‡‡; 2. .... Ld4: (Kd4:) 3. Df4‡; 2. .... Le3 3. Dd5‡‡; 2. .... Sh~ 3. Dg4‡. 1. .... Sg2: 2. De5† usw. 1. .... Sc2: 2. Lc2†† usw. 1. .... Sf5 (Sg4) 2. Sd2† usw. 1. .... Shg4 2. Sd6† usw. Das Problem ist ganz auf die zwei verblüffenden Schachgebote des Hauptspiels zugeschnitten.

16.

1. De7: (droht 2. De6†† 3. Te6‡‡), Te7: 2. Td6, Td7 3. Te6‡. 1. .... Sc6: 2. Dh4 usw. 1. .... Lc7 2. Dg7 (h4) usw. 1. .... ab 2. Td6 usw. Verblüffender Lösungszug.

17.

1. Se4 (droht Df4‡ und Se3‡), De4: 2. Lg7‡

18.

1. Tc6 (droht Td6‡ und Lc4‡).

19.

1. Sd4 (droht ed‡), de 2. Le2‡.

20.

1. f5, gf 2. Th4 3. Lf4 4. Ld6‡. 1. .... g5 2. Lg3 3. Tf4 4. Tc4‡. Doppelsetzung der indischen Kombination mit gegenseitiger Verstellung der gleichen Figuren auf demselben Feld. Bisher waren zwei solche Probleme bekannt, die aber mit ungewöhnlichen Einleitungszügen begannen (Loyd mit der Rochade, Kohtz und Kockelkorn mit dem

Wegschlagen eines Bauern). Der Verfasser hat diese Nachteile beseitigt. Leider wird sein Problem durch einen Vorläufer von Dr. H. Rohr sehr in Frage gestellt.

21.

1. Lf5 (droht 2. Sd3† 3. L‡, bzw. g4‡), Kf5: 2. Sd3 3. g4‡, bzw. Tf6‡. 1. .... Kd4 2. Lf6† 3. Sd3‡. 1. .... Lf5: 2. Lf6† 3. Se2‡. Für ein Lösungsturnier sehr geeignet!

22.

1. Ld7 (Zugzwang), S~ 2. L: S‡. 1. .... c3 2. Lb5‡. 1. .... e3 2. Lf5‡. 1. ....f5 2. Se5‡. 1. ....g2. 2. Sf2‡. 1. ....e6 2. Td6‡. 1. .... fg 2. Dd5‡. Gleichfalls ein sehr geeignetes Lösungsturnierproblem.

23.

1. Dh5, Ke7 2. De5†, Kd8 3. Df6†, Kc7 4. Sd5‡. 1. .... ~ 2. Df5†, Ke7 3. Df8†, Kf8: 4. Sg6‡. Ein gut konstruiertes Mattbilderproblem mit zwei ökonomischen und reinen Varianten. Als Erstlingsproblem eine recht gute Leistung.

24.

1. Dg8, Kc4: 2. Tb7‡. 1. .... Ke4 2. Tf4‡. 1. Ke6 2. Sf4‡. 1. de 2. Tf4‡. 1. Lf6 2. Te7‡. Ökonomische Konstruktion ohne weiße Bauern.

Übersicht der gespielten Eröffnungen.

(Die Zahlen beziehen sich auf die Seiten.)

Namenverzeichnis.

(Zahlen in Fettdruck = Partien, in Schrägdruck = Probleme.)

Kolibri 360 GmbH
Ferdinand-Jühlke-Straße 7
99095 Erfurt, Deutschland
produktsicherheit@kolibri360.de